Julia Patzsch

Pseudomorphe Synthese und isomorphe Substitution von mesoporösen MCM-41-Materialien

Diplomica® Verlag GmbH

Patzsch, Julia: Pseudomorphe Synthese und isomorphe Substitution von mesoporösen MCM-41-Materialien, Hamburg, Diplomica Verlag GmbH 2011

ISBN: 978-3-86341-020-9
Druck Diplomica® Verlag GmbH, Hamburg, 2011
Zugl. Universität Leipzig, Leipzig, Deutschland, MA-Thesis, 2010

Bibliografische Information der Deutschen Nationalbibliothek:
Die Deutsche Nationalbibliothek verzeichnet diese Publikation in der Deutschen Nationalbibliografie;
detaillierte bibliografische Daten sind im Internet über http://dnb.d-nb.de abrufbar.

Die digitale Ausgabe (eBook-Ausgabe) dieses Titels trägt die ISBN 978-3-86341-520-4 und kann über den Handel oder den Verlag bezogen werden.

© Diplomica Verlag GmbH
http://www.diplom.de, Hamburg 2011
Printed in Germany

Inhaltsangabe

Es wurde die pseudomorphe Transformation von MCM-41-Material aus kommerziell verfügbarem LiChrospher 60 (Merck) mit einem Kugeldurchmesser von 15 Mikrometer untersucht. Dabei wurde festgestellt, dass die ursprüngliche Struktur während der Transformation aufgelöst wird und sich die hexagonale Porenstruktur von außen nach innen unter Erhaltung der Morphologie ausbildet. Zudem wurde der Versuch unternommen, während der Transformation Fremdatome in die MCM-41-Wälle einzubauen. Dies konnte für alle gewählten Elemente erfolgreich durchgeführt werden und die Transformationsmaterialien weisen gegenüber den Direktsyntheseprodukten höhere spezifische Oberflächen, höhere Porenvolumina sowie schärfere Porenweitenverteilungen auf.

Schlüsselworte MCM-41, Sphären, pseudomorphe Transformation, isomorphe Substitution

Diese Arbeit wurde im Zeitraum von März 2009 bis August 2009 am Institut für Technische Chemie der Universität Leipzig in der Arbeitsgruppe von Prof. Dr. W.-D. Einicke angefertigt.

Gutachter   Prof. Dr. W.-D. Einicke
Zweigutachter   Prof. Dr. R. Gläser

Danksagung

Prof. Dr. W. D. Einicke gilt mein herzlicher Dank für die Bereitstellung des Themas, die Aufnahme in seinen Arbeitskreis, die entspannte Arbeitsatmosphäre und die ausgezeichnete Betreuung.

Prof. Dr. R. Gläser möchte ich ebenso für die Betreuung und die Übernahme der Zweitkorrektur dieser Arbeit danken.

Zudem möchte ich mich ganz herzlich bei folgenden Personen, die einen wichtigen Betrag für meine Arbeit geleistet haben, bedanken:

Dipl. Jens Kirste für die intensive Unterstützung bei der Durchführung der Elektronenstrahlmikrosondemessung

Dr. Marko Bertmer in der Fakultät für Physik und Geowissenschaften der Universität Leipzig für die Messung der Aluminium-MAS-NMR-Spektren

Jenny Bienias vom Institut für Chemie der Martin-Luther-Universität Halle/ Wittenberg für die Durchführungen der Quecksilberintrusionen

Ing. Gerd Kommichau vom Institut für Mineralogie, Kristallographie und Materialwissenschaft der Universität Leipzig für die Aufnahme der Röntgendiffraktogramme

Allen Mitarbeitern des Instituts für Technische Chemie für die angenehme Arbeitsatmosphäre

Mein ganz besonderer Dank gebührt meinem Partner, meiner Familie und meinen Freunden für die intensive Unterstützung in dieser arbeitsreichen Zeit.

Inhaltsverzeichnis

Abkürzungsverzeichnis

BET	-	Brunauer-Emmett-Teller-Auftragung
BJH	-	Barrett-Joyner-Halenda-Methode
CTMABr	-	Cetyltrimethylammoniumbromid
CTMACl	-	Cetyltrimethylammoniumchlorid
CTMAOH	-	Cetyltrimethylammoniumhydroxid
D	-	Direktsynthese
DFT	-	Dichtefunktionaltheorie (Density Functional Theory)
$DFT_{hex.}$	-	Dichtefunktionaltheorie angewendet auf hexagonale Poren
E	-	Element
ESEM	-	Environmental Scanning Electron Microscope
HPLC	-	Hochdruckflüssigkeitschromatografie (High Performance Liquid Chromatography)
IUPAC		International Union of Pure and Applied Chemistry
MAS-NMR	-	Magic Angle Spinning Nuclear Magnetic Resonance
MCM	-	Mobil Composition of Mater
MSU	-	Michigan State University
n	-	Neutrale Behandlung
NLDFT		Non Local Density Functional Theory
NO_X	-	Stickstoffmonoxid und Stickstoffdioxid
s	-	Saure Nachbehandlung
SBA	-	Santa Barbara Amorphous
SDA	-	Strukturdirigierendes Agens
SEM	-	Scanning Electron Microscope
T	-	Transformation
TEOS	-	Tetraethylorthosilikat
TMOS	-	Tetramethylorthosilikat
TPD	-	Temperaturprogrammierte Desorption
VOC	-	Flüchtige organische Verbindungen
XRD	-	Röntgenpulverdiffraktometrie

1 Einführung und Aufgabenstellung

Die am Anfang der 90er Jahre entdeckten mesoporösen MCM-41-Materialien werden bis zum heutigen Tage stetig untersucht und weiterentwickelt. Wegen ihrer hohen spezifischen Oberfläche, der einheitlichen hochgeordneten hexagonalen Porenstruktur und der gut erreichbaren inneren Oberfläche sind sie für Anwendungen in der Adsorption und heterogenen Katalyse interessant. Dabei wurden drei Hauptwege beschritten: zunächst die Verbreiterung der Porenöffnungen, was zur Entdeckung neuer mesoporöser Materialien der SBA-15 und -16 führte. Der zweite beinhaltet die isomorphe Substitution mit einer Vielzahl von Fremdatomen, um dem Silikatmaterial neue Eigenschaften zu geben. Damit sollen auf der Oberfläche sauer- oder redox-katalytisch wirksame Zentren geschaffen werden, um den Einsatz als Katalysator in industriellen Prozessen zu ermöglichen. Der dritte Weg wurde erst am Anfang dieses Jahrzehnts begangen und befasst sich mit der Entwicklung von Synthesemethoden, deren Produkte morphologisch definiert sind. Als Syntheseprodukt würden, anstatt eines Pulvers, Sphären oder andere Morphologien entstehen. Dies brächte den Vorteil in der industriellen Anwendung, dass das Material direkt eingesetzt werden könnte und nicht mehr zu Formkörpern unter möglichem Eigenschaftsverlust verformt werden müsste.

Diese Arbeit konzentriert sich vor allem auf die beiden letzteren der angesprochenen Entwicklungsrichtungen. Im Vordergrund steht dabei die Transformation eines kommerziell erhältlichen Produkts, welches bereits die gewünschte Morphologie aber noch nicht die entsprechende Textur aufweist, in ein MCM-41-Material. Dabei soll gewährleistet werden, dass die vorgegebene Form erhalten bleibt. In dieser Hinsicht wird auch der Ablauf der Umbildung von einem ungeordneten Silikatnetzwerk zu dem hoch geordneten Porensystem des MCM-41 untersucht.

Das zweite bereits erwähnte Arbeitsfeld ist die isomorphe Substitution in den Silikatwall während der Transformation. Als Fremdatome sind solche ausgewählt worden, die aufgrund ihrer Größe und Koordination besonders gut in die Silikatstruktur eingebunden werden können. Dabei kamen vor allem die Oxometallatanionen von Aluminium, Chrom, Mangan, Molybdän, Titan, Vanadium und Wolfram in Betracht. Die modifizierten MCM-41-Materialien sollen zunächst texturell untersucht und mit den Produkten aus der klassischen Direktsynthese verglichen werden. Weiterführende Untersuchungen sollen an den Materialien durchgeführt werden, die sich durch besonders gute texturelle Eigenschaften auszeichnen. An diesen soll die Aufklärung erfolgen, wie und in welchem Maße die eingebrachten Fremdatome in den Silikatwall eingebaut werden oder ob sie lediglich auf der Oberfläche koordinieren.

2 Theoretische Grundlagen

2.1 Mesoporöse Silikatmaterialien

Bis zur Entdeckung der mesoporösen Silikate in den 90er Jahren standen vor allem Zeolithe und deren Eigenschaftsoptimierung im Mittelpunkt des wissenschaftlichen Interesses. Sie zeichnen sich durch Porendurchmesser im Bereich zwischen 0,3 bis 0,7 nm aus und sind nach der von der „International Union of Pure and Applied Chemistry" (IUPAC) getroffenen Einteilung [1] als mikroporös zu bezeichnen. Diese Einteilung richtet sich nach der Porenweite d. Ist diese kleiner als 2 nm, erfolgt die Bezeichnung mikroporös, über 2 nm bis 50 nm als mesoporös und darüber hinaus als makroporös. Die geringe Porenweite war für den Einsatz als Ionenaustauscher bzw. zur Aufnahme kleiner Moleküle in der Funktion als Molsieb ausreichend, limitiert aber stark den Einsatz innerhalb der Katalyse. Größere Moleküle erfahren zum Teil eine erhebliche Diffusionslimitierung bzw. können nicht in die Poren eindringen und damit die aktiven Zentren nicht erreichen. Versuche, den Porendurchmesser in den Bereich der Mesoporösität zu vergrößern, gelangen nur bedingt und gingen meist auf Kosten der thermischen Stabilität [2,3,4].

Im Jahr 1990 beschrieb erstmals Yanagisawa et al. [5] die Synthese eines mesoporösen Silikatmaterials mit enger Porenverteilung. Sie nutzten das schichtartig aufgebaute Polysilikat Kanemit als Ausgangsstoff und setzten es mit Alkyltrimethylammonium um. Nach dem Kalzinieren bei 700°C erhielten sie ein poröses Silikat, dessen Porenweite von der Länge der Alkylketten abhing.

Zwei Jahre später publizierten Kresge et al. [6] von der „Mobil Research & Development Corporation" die Synthese eines Materials mit vergleichbaren Eigenschaften. Das mesoporöse Silikat mit der Bezeichnung MCM-41 (Mobil Composition of Mater 41) wies eine hohe spezifische Oberfläche und eine definierte Porengestalt bzw. -verteilung im mesoporösen Bereich auf. Für dessen Synthese nutzten sie Hexadecyltrimethylammonium-Ionen als strukturdirigierendes Agens (SDA) innerhalb eines Sol-Gel-Verfahren unter alkalischen Bedingungen mit abschließender Kalzinierung zur Entfernung der organischen Komponente. Sie stellten erstmals für den Bildungsmechanismus die These des „Liquid-Crystal

Templating" (siehe Abschnitt 2.2.2) auf. Kurz darauf veröffentlichte die Gruppe um Huo [7,8] die erste Synthese von regelmäßig strukturiertem Silikatmaterial im sauren Milieu.

Diese Arbeiten zogen in den vergangenen zwei Jahrzehnten eine Vielzahl von weiteren Veröffentlichungen nach sich. Neue Syntheserouten wurden entwickelt und etabliert, um die gegebenen Eigenschaften so zu optimieren, dass ein kommerzieller Einsatz möglich wird. In dieser Hinsicht wurde auch der isomorphe Einbau einer Vielzahl von Fremdatomen untersucht. Diese sollen innerhalb der Silikatstruktur katalytische aktive Zentren generieren.

2.2 Materialien der M41S-Familie

Zur Familie der M41S-Materialien zählen vier Vertreter (Abb. 1): hexagonales MCM-41, kubisches MCM-48, lamellares MCM-50 und das kubische, aber thermisch instabile Oktamer [(CTMABr)SiO$_{2,5}$]$_8$. Während die MCM-41-Synthese bereits 1992 durch Kresge et al. [6] publiziert wurde, wurden die anderen drei erst zwei Jahre später durch Vartuli et al. [9] im Rahmen von systematischen Untersuchungen entdeckt, bei denen das Verhältnis Tensid zur Siliziumquelle variiert wurde.

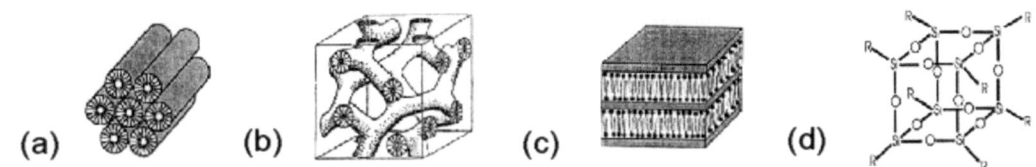

(a)   **(b)**   **(c)**   **(d)**

Abb. 1 : Vertreter der M41S-Familie [10]: (a) MCM-41, (b) MCM-48, (c) MCM-50 und (d) Oktamer [(CTMABr)SiO$_{2,5}$]$_8$

(i)   MCM-41

MCM-41-Materialien weisen typischerweise eine spezifische Oberfläche von mindestens 700 m^2·g^{-1} und ein hexagonal angeordnetes Porensystem mit enger Porenweitenverteilung auf. Dabei lassen sich durch Variation des bei der Synthese eingesetzten Tensids Mesoporen von 1,5 bis 10 nm Durchmesser erreichen. Dabei sind die Porenwände amorph und erst durch die periodische, hexagonale Anordnung der Poren entsteht eine Fernordnung, die sich durch spezifische Röntgenbeugungsreflexe (siehe Abschnitt 2.4.3) im 2θ-Bereich von null bis zehn Grad nachweisen lässt.

(ii) MCM-48

Die kubische M41S-Phase, der MCM-48, weist die Raumgruppe *la3d* auf. Alfredsson und Anderson [11] konnten durch den Vergleich von berechneten und experimentell ermittelten Daten zeigen, dass die Struktur sich von der Gyroidform des Oberflächenmodells Q^{230} ableitet. Dieses ist so aufgebaut, dass die sich umeinander windenden Röhren des Porensystems nicht kreuzen.

(iii) MCM-50

Die Struktur des MCM-50 ist vergleichbar mit der lamellaren Flüssigkristallphase. Die Silikatschichten sind dabei nicht so regelmäßig angeordnet, wie bei den vergleichbaren Schichtsilikaten Kanemit oder Magadit. Auch eine spezifische und enge Porenweitenverteilung tritt nicht auf. Zudem ist die thermische Stabilität gering und die Struktur kollabiert beim Entfernen des Tensids.

2.2.1 Synthese

Meist handelt es sich bei den verschiedenen Syntheserouten um Variationen der Ursprungssynthese nach Kresge et al. [6]. Diese kann sowohl im alkalischen Bereich, als auch im sauren Milieu durchgeführt werden.

Üblicherweise wird eine Silikatquelle, wie beispielsweise Tetraethylorthosilikat (TEOS), Tetramethylorthosilikat (TMOS) oder Natriummetasilikat, gelöst bzw. suspendiert in Wasser oder Ethanol mit einer wässrigen Tensidlösung (SDA) versetzt und das Gemisch in einen Autoklaven überführt. Die anschließende thermische Behandlung erfolgt meist für einen Zeitraum von 24 bis 72 Stunden in einem Temperaturbereich von 100°C bis 170°C. Nach dem Abkühlen auf Raumtemperatur wird das erhaltene Material gewaschen, getrocknet und abschließend bei einer Temperatur um die 550°C kalziniert. Im gesamten Prozess werden die Temperaturen, Dauer und Ablauf der thermischen Behandlungen individuell gewählt.

2.2.2 Bildungsmechanismus

Im Rahmen der Entwicklung neuer Wege zur Synthese von MCM-Materialien entstanden auch eine Vielzahl von Theorien über deren Bildungsmechanismus. Dabei können drei Haupttendenzen ausgemacht werden:

(i) „Liquid-Crystal Templating"-Hypothese [6]

Hinsichtlich dieser Hypothese werden zwei Wege vorgeschlagen (Abb. 2). Bei dem ersten findet zunächst die Ausbildung der hexagonalen Flüssigkristallphase des SDA statt, welche als Templat im weiteren Verlauf die Anlagerung des Silikatmaterials dirigiert. Durch die abschließende Kalzinierung wird das organische Material ausgebrannt und es bleibt ein hexagonal angeordnetes Porensystem zurück. Gegen diese These spricht die Feststellung von Cheng et al. [12], dass sich die flüssigkristalline Phase erst ab einer Cetyltrimethylammoniumchlorid-Konzentration von 40% ausbildet. Zur Ausbildung von MCM-Strukturen kommt es aber schon bei Konzentrationen unter 1 Gew.-%.

Die zweite Hypothese beruht auf der Annahme, dass die Silikatspezies die hexagonale Anordnung initialisieren. Chen et al. [13] postulierten, dass die Silikatoligomere mit den zufällig verteilten Mizellen interagieren und diese mit zwei bis drei Schichten Silikat überziehen. Erst die basisch katalysierte Kondensation zwischen den Silikatspezies verschiedener Mizellen sorgt für die weit reichende hexagonale Anordnung.

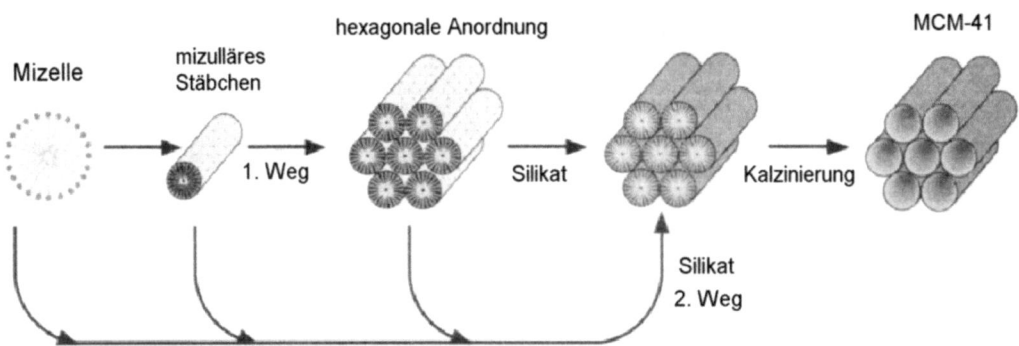

Abb. 2 : Schematische Darstellung der zwei möglichen Bildungswege nach der „Liquid-Crystal Templating"-Hypothese [14]

(ii) Schichtintermediat-Hypothese

Monnier et al. [15] schlagen aufgrund ihrer Beobachtungen einen Mechanismus mit einem lamellaren Übergangszustand vor. Im Verlauf der Kristallisation löst sich dieser aufgrund der Abnahme der negativen Ladungsdichte auf, was eine Umstrukturierung zur hexagonalen Struktur zur Folge hat.

Für Stucky et al. [16] kommt es während der Synthese zur Bildung von lyotropen Flüssigkristallen in drei Stufen, die aber in ihrer Reihenfolge variieren können. Im ersten Schritt lagern sich die Silikatoligomere elektrostatisch an die kationischen Köpfe des Tensids an. Sie können damit eine Koordination von gering strukturierten Mizellen bis hin zur Silikatmesophase auslösen. Im zweiten Schritt findet die Polymerisation an der Tensid-Silikat-Grenzfläche statt. Sie ist begünstigt durch die hohe Silikatkonzentration und die partielle Abschirmung der negativen Ladung durch das Tensid. Durch die Abnahme der negativen Ladung, während des Voranschreitens der Polymerisation, sinkt parallel die Zahl der zur Kompensation notwendigen Tensidmoleküle. Im letzten Schritt entsteht die lamellare Phase, da die anfangs stark negativ geladenen Silikatoligomere kleine Tensidkopfgruppen und -oberflächen mit geringer Krümmung begünstigen. Durch deren Abnahme kommt es zur Transformation in die hexagonale Phase.

Vorteil dieser Theorie ist, dass nicht wie in (i) von der Ausbildung stäbchenförmiger Mizellen ausgegangen wird.

(iii) Tensidkontrolle der Silikatmesophase

Basierend auf dem Modell von Israelachivili et al. [17] untersuchten Huo et al. [18] den Einfluss des Tensids bzw. des Tensidpackungsparameters g (Surfactant Packing Parameter) auf die MCM-Endstruktur. Sie nahmen dabei an, dass es sich bei der Ausbildung der Nanostrukturen der MCMs um einen Spezialfall eines Wasser-Tensid-Systems handelt, in welchem sich Tenside und Silikatspezies aneinander binden.

Nach Israelachivilis Modell [17] lässt sich das Verhalten von Tensiden in wässriger Lösung und die Endstruktur mit Hilfe des Tensidpackungsparameters g vorhersagen. Dieser ist wie folgt (Gleichung 1) definiert:

$$g = \frac{V}{A_0 \cdot l_c} \tag{1}$$

Dabei beinhaltet V das effektive Volumen der hydrophoben Kette, A_0 die durchschnittliche Oberfläche je hydrophiler Endgruppe und l_c die kritische hydrophobe Kettenlänge. Damit hängt der Packungsparameter g sowohl von den Eigenschaften des Tensids, als auch von denen des Mediums ab.

Huo et al. [18] stellten fest, dass die Phasenumwandlungen stufenweise in Abhängigkeit vom pH-Wert des Mediums abläuft. In einem sauren Milieu findet diese mit steigendem Packungsparameter g von kubisch (*Pm3n*, SBA-1) nach *3d* hexagonal (*P6*, SBA-2) über *2d* hexagonal (*P6m*, SBA-3) nach lamellar statt. Im Vergleich dazu ist die Abfolge im basischen Hydrogel: *3d* hexagonal (*P63/mmc*, SBA-2) nach *2d* hexagonal (*P6*, MCM-41) über kubisch (*Ia3d*, MCM-48) nach lamellar (MCM-50).

2.3 Sphärische MCM-41-Materialien

2.3.1 Synthese

Trotz der überwiegend positiven Eigenschaften kommen MCM-41-Materialien bisher nicht in industriellen Prozessen zum Einsatz. Der Hauptgrund dafür besteht in der Schwierigkeit, sowohl die äußere Partikelgestalt als auch die Struktur des Porensystems simultan zu kontrollieren. Bei den klassischen Direktsynthesewegen entsteht stets ein pulverförmiger Feststoff, der ohne weitere Behandlung für die technische Anwendung ungeeignet ist. Durch das Verformen kann es aber zu einem ungewollten Verlust von Zieleigenschaften kommen. Um dies zu umgehen, bestand in der Vergangenheit das Ziel, direkt sphärische Materialien mit enger Porenweitenverteilung zu erzeugen. Abgeleitet von der ursprünglichen Syntheseroute wurden in der Vergangenheit hauptsächlich drei Wege beschritten, um sphärische Silikatpartikel zu erhalten:

(i)   Positive Ergebnisse konnten durch den Einsatz von oberflächenaktiven Templaten während der klassischen Direktsynthese erzielt werden. Huo et al. [19] erzeugten so durch Variation der Rührgeschwindigkeit und des Reaktionsvolumens transparente, silikatische Sphären mit verschiedenen Durchmessern aus Emulsionen. Parallel dazu gelang es Grün et al. [20] sphärische MCM-41-Partikel durch Modifikation der Stöbersynthese [21] mit n-Hexadecyltrimethylammoniumbromid bzw. -chlorid zu erhalten. Diese basiert auf der Hydrolyse von Tetraalkoxysilan in einer Mischung aus einem niedrig siedenden Alkohol und einer Ammoniaklösung und dient klassisch zur Synthese von monodispersen Silikatsphären.

(ii)   Ein Weg ohne oberflächenaktives Templat wurde erfolgreich durch Yang et al. [22] aufgezeigt. Durch direkte Kontrolle von pH-Wert und Temperatur während der Hydrolyse konnte eine Umwandlung von Gyroiden zu Sphären erreicht werden. Eine andere Form der Hydrolysekontrolle wählten Boissière et al. [23]. Durch den Einsatz von Natriumfluorid konnten sie sphärische, mesoporöse MSU-X Partikel erzeugen.

(iii)   Einen weiteren Weg, direkt sphärische Partikel aus Aerosoltröpfchen zu gewinnen, stellen Sprühtrocknungsmethoden dar, wie Bruinsma et al. [24] zeigen konnten.

Ein erheblicher Nachteil der beschriebenen Methoden ist, dass sie sowohl für die Ausbildung der gewünschten Poren, als auch für die der Sphärengestalt optimiert werden müssen. Dies wirkt sich begrenzend auf andere Parameter, wie Porengrößen oder Walldicke, aus. Eine Optimierung der Wege (ii) und (iii) hinsichtlich der Ausbildung eines MCM-41-Porensystems innerhalb der sphärischen Partikel wurde dabei kaum durchgeführt.

Eine Alternative zu den beschriebenen Methoden stellt die pseudomorphe Transformation von bereits vorgeformten Silikatquellen dar. Sie ermöglicht dabei durch Auswahl verschiedener Quellen eine getrennte Optimierung der Partikel- und Porengestalt. Es konnte durch Martin et al. [25] gezeigt werden, dass dabei kommerziell erhältliche sphärische Silikate, wie LiChrospher 100 und 60 (Merck), als

Silikatquelle für die MCM-41-Synthese dienen können. Bei der Umsetzung in alkalischer Lösung mit Cetyltrimethylammoniumbromid (CTMABr) blieb die äußere Gestalt erhalten. Durch den Einsatz von Röntgendiffraktometrie (XRD) konnte aber nachgewiesen werden, dass die Porenverteilung der von MCM-41 entsprach. Dies deckt sich mit der aus der Mineralogie stammenden Bezeichnung für Pseudomorphologie [26,27].

Bei der Transformation wird die vorgeformte Silikatquelle teilweise durch die umgebende alkalische Lösung aufgelöst. Es kommt zu einem Ionenaustausch der Transformationslösung und des Formkörpers, welcher den parallel ablaufenden Aufbau der MCM-41-Struktur in derselben Morphologie erlaubt. Dies ist bedingt durch den Templateffekt der in der Alkalilösung enthaltenen Mizellen. Beide Prozesse – Strukturauflösung und -wiederaufbau – laufen kinetisch kontrolliert ab. Die Geschwindigkeit beider lässt sich durch Variation der bekannten MCM-41-Bildungsparameter, wie pH-Wert, Temperatur, Menge und Art des eingesetzten Tensids, beeinflussen. Diese müssen dem Ausgangsmaterial angepasst werden, damit es zum Stofftransfer in die Poren und zur Ausbildung der gewünschten MCM-Struktur kommt [28,29,30,31].

2.3.2 Anwendung

Eine mögliche Hauptanwendung von MCM-41-Materialien stellt der Einsatz in der HPLC (High Performance Liquid Chromatography) als stationäre Phase aufgrund ihrer texturellen Eigenschaften dar. Die hohe spezifische Oberfläche führt zu hohen Retensionszeiten, während das geordnete Porensystem durch die höhere und homogenere molekulare Diffusion die Effizienz für hohe Flussraten verbessert. Dies eröffnet die Möglichkeit der schnelleren Komponententrennung ohne signifikanten Effizienzverlust.

Bereits 2000 zeigten Thoelen et al. [32] mit sphärischem MCM-41-Material dessen möglichen Einsatz in der Racematauftrennung aufgrund der hohen Auflösung und guten Effizienz bei geringem Eingangsdruck. Sie hatten sie auf der Basis des Stöberprozesses [21] synthetisiert und anschließend die Oberfläche mit (R)-Naphthylethylamin modifiziert.

Auf der Grundlage ihrer Entdeckung von vorgeformten, kommerziell erhältlichen Silikatsphären als Silikatquelle für die MCM-41-Synthese und den daraus resultierenden, verbesserten Produkteigenschaften [25], konnte die Gruppe um Martin zeigen, dass diese vergleichbare Trennergebnisse liefern wie kommerziell erhältliche Trennsäulen [33]. Dazu funktionalisierten sie die aus der Synthese erhaltenen Sphären nach bekannten Verfahren [34] mit Octylketten. Aus der ermittelten Retentionszeit und Peakbreite schlossen sie auf Eignung als HPLC-Material.

Ein weiterer Anwendungsbereich ergibt sich aus der isomorphen Substitution durch Fremdatome. Von solchen spricht man, wenn es sich nicht um Silizium oder Sauerstoff handelt. Im Bereich der nicht sphärischen MCM-41 konnten bereits eine Vielzahl von Fremdatomen in die Struktur eingebaut werden. MCM-41 selbst weist keine oder kaum aktive Zentren auf und lässt sich somit je nach Art des Fremdatoms mit sauren oder redoxaktiven Zentren modifizieren. Daraus ergeben sich eine Vielzahl von möglichen katalytischen Anwendungen (Tab. 1).

Tab. 1 : Isomorph substituierte MCM-41-Materialien und deren mögliche katalytische Anwendung, publiziert in den vergangenen zwei Jahren

Material	Anwendung	Referenz
Al-MCM-41	Allylierung von Aldehyden mit Allylsilanen	[35]
Cr-MCM-41	Polymerisation von Ethen	[36]
[Cu,Al]-MCM-41	Simultaner Abbau von NO_x und VOCs	[37]
Fe-MCM-41-Sphären	Sauer-katalysierte Reaktion von Toluol mit Benzylchlorid	[38]
Mn-MCM-41	Aminierung von Benzol zu Anilin	[39]
Mo-MCM-41	Cracken von Polypropylen	[40]
Ti-MCM-41	Epoxidierung von Allylalkohol	[41]
V-MCM-41	Oxidative Dehydrierung von Ethan	[42]
W-MCM-41	Oxidation von Cyclopentan-1,2-diol mit Wasserstoffperoxid zu Glutarsäure	[43]

Je nach eingesetztem Metall unterscheidet sich das Funktionsprinzip der Katalysatoren. Elemente der Hauptgruppen besitzen hauptsächlich sauer bzw. basisch aktive Zentren, deren katalytische Wirkung auf den Elektronenpaardonor- oder Elektronenpaarakzeptoreigenschaften beruht. Sie werden durch das klassische Säure-Base-Konzept beschrieben und daher auch als Lewis- oder Brønsted-azide Zentren bezeichnet. Die Übergangsmetalle wirken im Gegensatz dazu in Katalysatoren hauptsächlich redoxaktiv. Durch die Änderung ihrer Oxidationszahl ermöglichen sie Einzelelektronenübergänge und somit die Ausbildung von Substrat-Katalysator- bzw. Produkt-Katalysator-Komplexen.

2.4 Charakterisierung

2.4.1 Textur

Zur Bestimmung der texturellen Eigenschaften, wie der spezifischen Oberfläche, dem Porenvolumen und -durchmesser, von mesoporösen Materialien, stehen zwei Hauptcharakterisierungsmethoden zur Verfügung: die Stickstoffadsorption und die Quecksilberintrusion. Dabei lassen sich mit beiden verschiedene Porengrößen bestimmen. Stickstoffsorption eignet sich vorwiegend für Mikro- und Mesoporen, während die Quecksilberintrusion den Bereich der Meso- und Makroporen abdeckt.

(i)   Stickstoffsorption

Die Isotherme der Stickstoffsorption von MCM-41-Materialien lässt sich nach der Klassifikation der IUPAC [1] dem Typ IV zuordnen. Kriterium dafür ist die Isothermenform, die in drei Abschnitte (Abb. 3) eingeteilt werden kann: (a) mit einem langsamen Anstieg des adsorbieren Stickstoffvolumens bis zu einem relativen Druckbereich von $P/P^0 \approx 0,3$. Dies ist auf die Adsorption des Stickstoffs als Monolage zurückzuführen. Der Bereich (b) ist gekennzeichnet durch den starken Anstieg des sorbierten Volumens, verursacht durch die Kapillarkondensation des Stickstoff innerhalb der Poren im relativen Druckbereich $0,3 < P/P^0 < 0,6$. Deren Lage und Ausbildung hängt vor allem von der Porenweitenverteilung ab, was dazu führt, dass bei größeren Porendurchmessern sich die Lage zu höherem Partialdruck verschiebt. Beim Abschnitt (c) oberhalb des Druckbereichs von $P/P^0 > 0,6$ findet die Multilagenadsorption auf der äußeren Oberfläche statt.

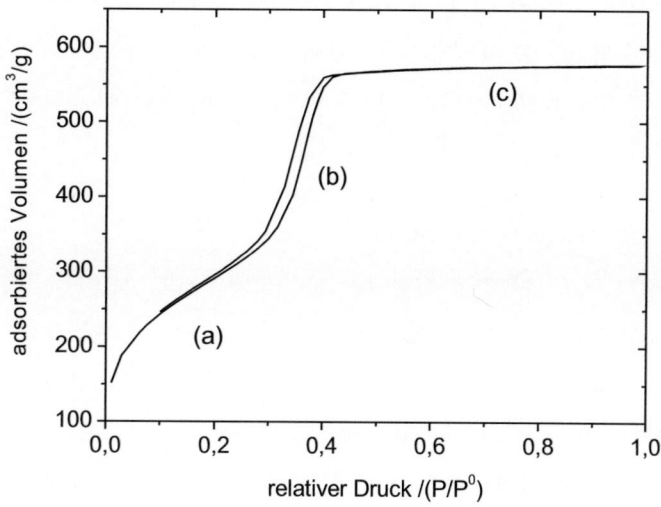

Abb. 3 :   Idealisierte Stickstoffadsorptionsisotherme eines MCM-41-Materials

Aus den durch die Sorptionsmessungen gewonnenen Daten lässt sich mit dem Modell von S. Brunauer, P. H. Emmett und E. Teller [44] die spezifische Oberfläche ermitteln. Als Berechnungsgrundlage dient eine Monoschichtenbedeckung von Stickstoffmolekülen, die für den relativen Druckbereich P/P^0 von 0,05 bis 0,30 angenommen wird. Aus der Monoschichtbeladung kann mit Hilfe des Platzbedarfes des Stickstoffmoleküls die spezifische Oberfläche berechnet werden. Bei höheren relativen Drücken setzt die Multischichtenadsorption ein.

Mit Hilfe von Modellen auf der Basis der statistischen Thermodynamik und geometrischen Aspekten lassen sich zudem Porenweitenverteilungen und -durchmesser ermitteln. Die klassische Methode dafür ist die nach ihren Entwicklern E. P. Barrett, L. G. Joyner, P. P. Halenda benannte BJH-Methode [45]. Diese begründet sich auf die Laplace und Kelvin-Gleichung und trifft die Annahme, dass die Stabilitätsgrenze bei 77 K des Stickstoffadsorptionsmeniskus bei einem relativen Druck von P/P^0 = 0,42 liegt. Bei Unterschreitung dieses Wertes ist eine Berechnung nach diesem Modell nicht mehr möglich. Dies betrifft Materialien, deren Porendurchmesser kleiner ist als 1,8 nm [46].

Dieses Problem lösen neuere, mikroskopische Ansätze, wie die „Non Local Density Functional Theory" (NLDFT) [47] oder die Simulationsmodelle „Monte Carlo" bzw. „Molecular Dynamics". Auffällig ist, dass die durch diese Methoden bestimmten Porendurchmesser mit denen aus den herkömmlichen Modellen vergleichbar aber meist um einen Nanometer größer sind.

(ii)   Quecksilberporosimetrie

Das Verfahren der Quecksilberporosimetrie zur Ermittlung von texturellen Eigenschaften makro- und mesoporöser Stoffe wurde 1945 durch Ritter und Drake entwickelt [48]. Es basiert auf der Eigenschaft des Quecksilbers gegenüber den meisten Festkörpern eine nicht benetzende Flüssigkeit zu sein. Bei nicht benetzenden Flüssigkeiten liegt im Allgemeinen der Kontaktwinkel θ zwischen Festkörperoberfläche und Flüssigkeit über 90°. Für Quecksilber liegt dieser Wert bei 140°. Aus diesem Grund findet erst die Adsorption durch das poröse Material statt, wenn ein Druck ausgeübt wird. Dieser ist abhängig von der Porengröße und -gestalt. Demnach werden zunächst Poren mit großem und erst nach einem Druckanstieg die mit kleinem Durchmesser gefüllt. Die Beschreibung dieses Verhaltens basiert auf der Young-Laplace-Gleichung.   Der   benötigte   Druck   im   Verhältnis   zum Porendurchmesser r_{Pore} lässt sich durch die Washburn-Gleichung in der Annahme von zylinderförmigen Poren beschreiben (Gleichung 2):

$$r_{Pore} = -2\frac{\gamma\,\cos\theta}{p} \tag{2}$$

Dabei wird durch p der sich isostatisch einstellende Gleichgewichtsdruck, durch γ die Quecksilberoberflächenspannung und durch θ der Kontaktwinkel wiedergegeben. In der Praxis wird das in die Poren intrudierte Volumen über eine kapazitive Messung der Höhe der Quecksilbersäule in einer Kapillare über dem Probenbehältnis (Dilatometer) bestimmt.

2.4.2 ^{27}Al-MAS-NMR

Mit der „Magic Angle Spinning Nuclear Magnetic Resonance"-Methode (MAS-NMR) lassen sich NMR-Spektren auch von Festkörpern aufnehmen [49]. Im Vergleich zu Flüssigkeiten bzw. Lösungen von organischen Stoffen werden die anisotropen Wechselwirkungen, wie Zeeman-, dipolare, Elektronenspin- oder Quadrupolwechselwirkung, nicht durch die molekulare Bewegung kompensiert und erzeugen eine teilweise erhebliche Linienverbreiterung. Zur Minimierung dieser wird der so genannte magische Winkel genutzt, wo der Term $(3cos^2\theta-1)$, enthalten in der Stärke der heteronuklearen Kopplung und im Hamiltonoperator, unter einen Winkel θ von 54,74° null wird.

In diesem Fall wird der Hamiltonoperator für die Dipolkopplung null, der anisotrope Teil der chemischen Verschiebung entfällt und die Signalbreite reduziert sich. Dafür ist es notwendig, dass der die pulverförmigen Proben enthaltene Probenbehälter mit großer Geschwindigkeit im magischen Winkel zum magnetischen Feld rotiert.

Mit Hilfe von ^{27}Al-MAS-NMR lässt sich die chemische Umgebung der Aluminiumkerne, d.h. die Koordination zum Sauerstoff, bestimmen. In dem bei der Synthese eingesetzten Natriumaluminat ist der Sauerstoff tetraedrisch um die Aluminiumatome koordiniert. Durch die Hydratisierung während der Synthese entsteht eine oktaedrische Koordinationssphäre. Beim Einbau des Aluminiums in die Silikatstruktur wird dieses wieder tetraedrisch von Sauerstoff umgeben, während nicht eingebautes weiterhin oktaedrisch vorliegt. Dies lässt sich anhand der Lage der Signale unterscheiden: bei 0 ppm sind oktaedrische und bei 55 bis 80 ppm tetraedrische Aluminiumsignale zu erwarten [50].

2.4.3 Röntgenpulverdiffraktometrie

Die Röntgendiffraktogramme für MCM-41-Materialien weisen eine typische Verteilung von Reflexen (Abb. 4) im Bereich $1° < 2\theta < 10°$ auf. Diese sind auf die regelmäßige hexagonale Anordnung des Porensystems zurückzuführen, was zu einer Fernordnung des auf atomarer Ebene amorphen Silikatgerüstes führt. Über den Winkelbereich $1° < 2\theta < 10°$ hinaus lassen sich keine Reflexe beobachten, da das Silikatgerüst auf atomarer Ebene amorph vorliegt.

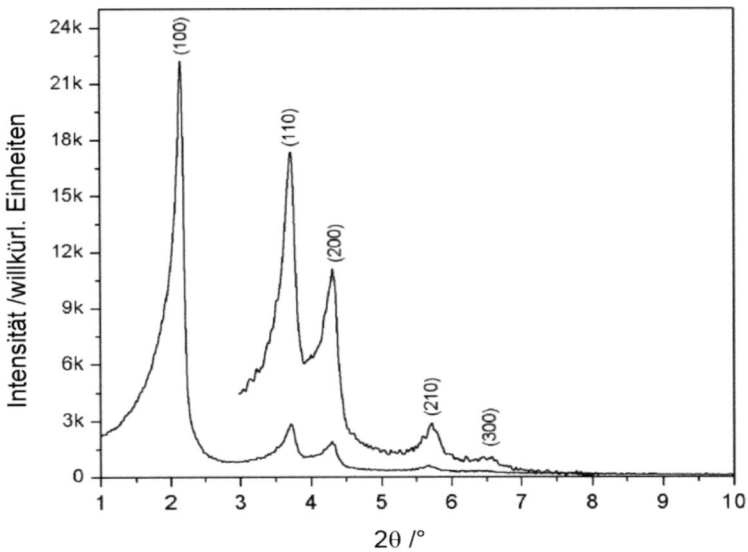

Abb. 4 :   Typisches Röntgendiffraktogramm für ein MCM-41-Material [51]

Die beobachtbaren Reflexe lassen sich den Millerschen Indizes zuordnen, wenn man von einer hexagonalen Elementarzelle ausgeht. Es handelt sich dabei um die Ebenen (100), (110), (200), (210) und (300) mit steigenden Winkel 2θ. Aus der Halbwertsbreite d_{100} des intensiven Reflexes der Ebene (100) lässt sich nach Gleichung 3 zudem die Größe der hexagonalen Elementarzelle a bestimmen:

$$a = \frac{2d_{100}}{\sqrt{3}}$$ (3)

Zudem lässt sich die Porenwandstärke t als Differenz der Elementarzellengröße a und der mittleren Porenweite d_{DFT} ermitteln (Gleichung 4):

$$t = a_0 - d_{DFT}$$ (4)

2.4.4 Elektronenstrahlmikrosonde

Die Grundlagen für die Technik der Elektronenstrahlmikrosonde wurden bereits in den fünfziger Jahren durch R. Castaing [52] gelegt. Sie ermöglicht die zerstörungsfreie Bestimmung der Elementzusammensetzung von Festkörperproben. Erfasst werden kann der Bereich des Periodensystems von den Ordnungszahlen fünf (Bor) bis 92 (Uran). Dazu wird die Probenoberfläche mit einem gerichteten, hochenergetischen Elektronenstrahl (5 bis 30 keV) beschossen. Dabei kommt es durch die Anregung der Oberflächenatome zur Emission von Röntgenstrahlung, deren Wellenlänge bzw. Energie elementspezifisch ist. Aus dem Vergleich mit Referenzproben lässt sich aus dem Wellenlängenspektrum und der Zahl der registrierten Photonen die qualitative bzw. quantitative Zusammensetzung ermitteln.

2.4.5 Temperaturprogrammierte Desorption

Mit dem Verfahren der temperaturprogrammierten Desorption (TPD) lassen sich eine Vielzahl von Materialoberflächen auf ihre Art und Zahl von aziden bzw. basischen Zentren untersuchen. Die Grundlage dafür schafften 1963 Amenomiya und Cvetanović [53] mit der Entwicklung einer Methode, bei der die Desorption unter atmosphärischen Druck in einem Inertgasstrom durchgeführt wird. Eine kleine Menge pulverförmiges Probenmaterial (meist 0,05 bis 0,1 g) wird dazu in einen Rohrreaktor eingesetzt und zunächst bei höheren Temperaturen im Inertgasstrom ausgeheizt. Die dabei entstehende adsorbatfreie Oberfläche wird im nächsten Schritt mit definierten Mengen von dem zu adsorbierenden Gas, beispielsweise Ammoniak für azide oder Kohlenstoffdioxid für basische Zentren, bei Temperaturen unterhalb der Desorptionstemperatur beladen. Die anschließende Desorption erfolgt durch das definierte Aufheizen der Probe unter Erfassung des Partialdruckanstiegs bzw. durch quantitative Erfassung der desorbierten Spezies mittels eines Massenspektrometers.

Anhand der Desorptionstemperatur sind zudem Aussagen über die Stärke der Zentren möglich. Zunächst wird an schwach aziden Zentren sorbierter Ammoniak desorbiert, während die Desorption von starken erst bei höheren Temparturen erfolgt. Bei einer Desorption bis 200°C spricht man von schwachen, 200°C bis 350°C mittelstarken und ab 350°C von starken Zentren.

3 Experimenteller Teil

3.1 Eingesetzte Chemikalien

Ammoniumchromat $(NH_4)_2CrO_4$, Fluka, 99+ Gew.-%

Ammoniumheptamolybdat-Tetrahydrat $(NH_4)_6Mo_7O_{24} \cdot 4H_2O$, Fluka, 99+ Gew.-%

Ammoniummetavanadat NH_4VO_3, Riedel-de Haën, 98.5 Gew.-%

Ammoniumparawolframat-Septahydrat $(NH_4)_{10}W_{12}O_{42} \cdot 7H_2O$, Riedel-de Haën

Ampersep 900 OH Anionentauscher, Fluka

Cetyltrimethylammoniumbromid $(C_{16}H_{33})(CH_3)_3NBr$, Acros, 99+ Gew.-%

Kaliumpermanganat $KMnO_4$, VEB Laborchemie Apolda, 99.5+ Gew.-%

LiChrospher® Si60 (15 µm), Merck

Natriumaluminat $NaAlO_2$, Sigma-Aldrich, 50-56 Gew.-%

Natriummetasilikat-Nonahydrat $Na_2SiO_3 \cdot 9H_2O$, Acros, 44-47.5 Gew.-% Feststoffanteil

Natriummetatitanat $Na_2Ti_3O_7$, Aldrich, 200 mesh

Schwefelsäure H_2SO_4, Acros, 95-97 Gew.-%

Alle Chemikalien wurden direkt, d.h. ohne zusätzliche Aufreinigung verwendet.

3.2 Transformationssynthese zur mechanistischen Aufklärung

Je 1 g LiChrospher® wurden in PP Nalgene®-Behältern mit einem Volumen von 60 ml je 9, 14, 19, 24, 29, 35 und 42 ml einer 0,08 M CTMAOH-Lösung (Cetyltrimethylammoniumhydroxid) versetzt und die Edukte 24 Stunden bei 110°C zur Reaktion gebracht. Der gebildete Feststoff wurde durch Filtration gewonnen, fünfmal mit 25 ml Wasser und einmal mit 20 ml absoluten Ethanol gewaschen. Vor der Kalzinierung wurde dieser für 15 Stunden bei 90°C getrocknet. Abschließend erfolgte die stufenweise Kalzinierung - zunächst zwei Stunden bei 200°C, zwei weitere bei 400°C und 15 Stunden bei 540°C jeweils mit einer Heizrate von 10 Kelvin pro Minute.

Die verwendete CTMAOH-Lösung wurde mittels 10 ml des Anionentauschers Ampersep aus 1 g CTMABr (Cetyltrimethylammoniumbromid) gelöst in 42 ml deionisiertem Wasser hergestellt.

3.3 Transformationssynthese mit isomorpher Substitution von Fremdatomen

Zu 1 g LiChrospher® und einer definierten Metallsalzmenge (Tab. 2) wurden 42 ml einer 0,08 M CTMAOH-Lösung gegeben. Das Gemisch wurde in einem Polypropylen Nalgene®-Behälter mit einem Volumen von 60 ml 24 Stunden bei 110°C zur Reaktion gebracht. Die anschließende Behandlung (Waschung, Trocknung, Kalzinierung) des durch Filtration gewonnenen Feststoffes erfolgte analog zu Abschnitt 3.2. Die Hälfte des kalzinierten Feststoffs wurde in 10 ml 0,1 M HCl eine Stunde lang gerührt und die Kalzinierung wiederholt.

3.4 Direktsynthese nach Selvaraj et al. [54] und Goepel [55]

7,1 g Natriummetasilikat-Nonahydrat und eine definierten Menge Metallsalz (Tab. 2) wurden in 17,5 ml deionisierten Wasser gelöst und 30 Minuten gerührt. Anschließend wurde 4 N Schwefelsäure bis zur deutlichen Gelbildung zugetropft. 2,25 g in 7,5 ml deionisierten Wasser gelöstes CTMABr (Cetyltrimethylammoniumbromid) wurde durch langsames Zutropfen (1 Tropfen pro Sekunde) und intensivem Rühren hinzugefügt. Nach 15 Stunden Rühren wurde die erhaltene Lösung in Polypropylen Nalgene®-Behälter mit einem Volumen von 60 ml überführt und diese 48 Stunden bei 165°C thermisch behandelt. Nach dem Abkühlen wurde der Feststoff von der übrigen Lösung mittels Filtration abgetrennt und analog zu Abschnitt 3.2 gewaschen. Der Feststoff wurde 15 Stunden bei Raumtemperatur getrocknet und danach für sechs Stunden bei 540°C mit einer Heizrate von fünf Kelvin pro Minute an Luft kalziniert. Die Hälfte des kalzinierten Feststoffs wurde wiederum in 10 ml 0,1 M HCl für eine Stunde gerührt und abschließend die Kalzinierung wiederholt.

Tab. 2 : Menge der verwendeten Metallsalze bei der Transformation (Abschnitt 3.3) und der Direktsynthese (Abschnitt 3.4) bezogen auf 1 g LiChrospher® bzw. 7,1 g Natriummetasilikat-Nonahydrat

Metallsalz	Si/E-Verhältnis	Transformation [g]	Direktsynthese [g]
$NaAlO_2$	39	0,04	0,06
	78	0,02	0,03
	156	0,01	0,02
NH_4VO_3	39	0,05	-
	78	0,03	0,04
	156	0,01	-
$(NH_4)_2CrO_4$	78	0,03	0,05
$KMnO_4$	78	0,03	0,05
$(NH_4)_6Mo_7O_{24} \cdot 4H_2O$	78	0,04	0,06
$Na_2Ti_3O_7$	78	0,02	0,03
$(NH_4)_{10}W_{12}O_{42} \cdot 7H_2O$	78	0,06	0,08

3.5 Charakterisierung

3.5.1 Texturbestimmung

(i)   Stickstoffsorption

Die Stickstoffsorptionsmessungen wurden an einem ASAP 2010 der Firma Micromeritics durchgeführt. Dafür wurden die Proben zunächst für drei Stunden bei einem Druck von $3 \cdot 10^{-3}$ Pa und einer Temperatur von 250°C aktiviert. Die anschließende Messung erfolgte durch die Zugabe von definierten Stickstoffmengen bei 77 K. Die Auswertung geschah mittels des Oberflächenprogramms ASAP 2000 v3.03 auf der Basis der BET-Theorie und dem Programm DFT Plus® mit den Einstellungen für zylindrische Poren und hohe Regularisierung, um die Porenweitenverteilung zu ermitteln.

(ii)   Quecksilberintrusion

Die Quecksilberintrusion wurde am Institut für Chemie der Martin-Luther-Universität Halle/ Wittenberg durchgeführt.

3.5.2 Röntgenpulverdiffraktometrie

Die Röntgendiffraktogramme wurden im Institut für Mineralogie, Kristallographie und Materialwissenschaft der Universität Leipzig aufgenommen. Die Auswertung der gewonnenen Daten erfolgte mit dem Programm RayfleX Version 2.293.

3.5.3 ^{27}Al-MAS-NMR

Die Aluminium-MAS-NMR-Spektren wurden in der Fakultät für Physik und Geowissenschaften der Universität Leipzig aufgenommen.

3.5.4 Elektronenstrahlmikrosondemessung

Die Bestimmung des quantitativen Aluminiumgehalts wurde an der Elektronenstrahlmikrosonde Cameca SX 100 am Institut für Mineralogie, Kristallographie und Materialwissenschaft der Universität Leipzig durchgeführt. Dafür wurde eine Spannung von 15 keV angelegt und der Emissionsstrom betrug 50 mA, der Probenstrom 20 nA.

Für die Messung wurden die Proben in ein Harz gegossen, das man für drei Tage aushärten ließ. Das Harz wurde danach soweit abgeschliffen, bis die Probenoberfläche an die des Harzes gelangte. Nach dem Polieren mit 3 µm bzw. 1 µm Polierpulver für je vier Stunden wurden die in den Probenträger eingebauten Proben im Vakuum mit Kohlenstoff bedampft und das Leitsilber aufgebracht.

3.5.5 Temperaturprogrammierte Desorption

Die temperaturprogrammierte Desorption wurde an einem institutseigenem Modell durchgeführt. Dafür wurden 50 mg der jeweiligen Probe zunächst für 20 Minuten bei 300°C in einem Heliumstrom von 50 ml·min⁻¹ aktiviert. Nach dem Abkühlen auf 90°C und der Reduktion des Heliumstrom auf 25 ml·min⁻¹ wurde diese mit fünf Ammoniakgaspulsen von je einem Milliliter im Abstand von fünf Minuten versetzt. Nach einer Equilibrationszeit von 45 Minuten unter einem Heliumstrom von 50 ml·min⁻¹ wurde die beladene Probe mit einer Heizrate von 10 K·min⁻¹ bis auf 500°C aufgeheizt und somit die Ammoniakdesorption durchgeführt. Die Detektion der Ammoniakmenge erfolgte mittels des Massenspektrometers GSD 301 der Firma Pfeiffer Vacuum am Fragmention m/z = 16.

Die desorbierte Ammoniakmenge wurde mit Hilfe einer Referenzmessung quantifiziert. Dazu wurden Ammoniakpulse von einem Milliliter über einen nicht gefüllten Reaktor detektiert.

4 Ergebnisse und Auswertung

4.1 Mechanistischer Ablauf der Transformation

Um die Bildung des MCM-41 aus den Silikatsphären verfolgen zu können, wurde die Transformation mit verschiedenen Volumina der CTMAOH-Lösung durchgeführt. Dies bewirkt einen Abbruch der Umwandlung an verschiedenen Punkten der Umsetzung, was grundsätzlich auch der zeitlichen Auflösung der Umbildung entspricht.

Die Stickstoffsorptionsisotherme (Abb. 5a) des Ausgangsmaterials LiChrospher 60 weist die für mesoporöse Materialien markante Isothermenform IV auf, auch wenn der typische zweite Anstieg des adsorbierten Volumens im Bereich des relativen Drucks von $P/P^0 \approx 0,4$ im Adsorptionszweig fehlt bzw. erst bei höheren Relativdrücken schwach zu erkennen ist. Diese Gestalt der Hysterese wird durch die IUPAC als H2 klassifiziert [1]. Sie spiegelt die uneinheitliche und breite Porenweitenverteilung (bestimmt nach $DFT_{hex.}$) in einem Bereich von 2,5 bis 15 nm wieder.

Beim Vergleich der Sorptionsisothermen der entstandenen Materialien (Abb. 5b-h) und des Ausgangsmaterials (Abb. 5a) zeigen sich deutliche Unterschiede. Die Isotherme des Materials, das mit einem Reaktionsvolumen von 9 ml synthetisiert wurde, weist nicht mehr die für Mesoporensysteme typische Form IV sondern die Form II auf. Diese ist charakteristisch für makroporöse Materialien und lässt den Schluss zu, dass zunächst die ursprüngliche Silikatstruktur partiell aufgelöst wird. Bei der Erhöhung des Reaktionsvolumens um 5 ml (Abb. 5c) kann ein Anstieg des adsorbierten Volumens im Relativdruckbereich P/P^0 von 0,3 bis 0,4 und die Ausbildung einer Hysterese im Bereich des relativen Drucks P/P^0 von 0,4 bis 1,0 beobachtet werden. Letztere weist auf einen Kavitationseffekt hin, d.h. dass der Stickstoff die Poren über kleinere Öffnungen analog einem Flaschenhals verlassen muss [56]. Im weiteren Verlauf der Umwandlung, d.h. mit steigendem Volumen der eingesetzten CTMAOH-Lösung, wird die Ausprägung dieses Effektes deutlicher (Abb. 5d und e).

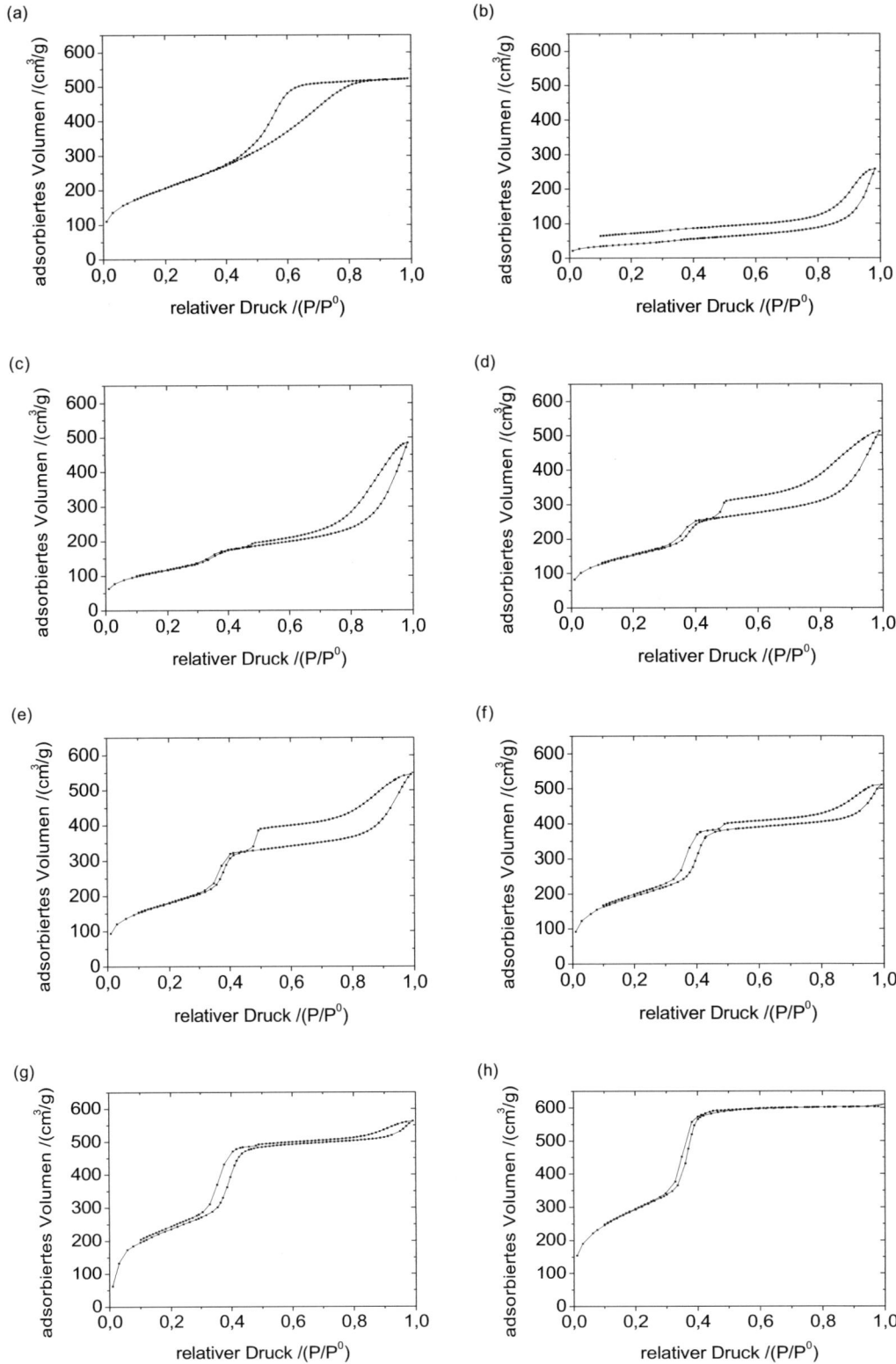

Abb. 5 : Sorptionsisotherme des Ausgangsmaterials LiChrospher 60 (a) und der Materialien aus der Synthese mit einem Reaktionsvolumen von 9 ml (b), 14 ml (c), 19 ml (d), 24 ml (e), 29 ml (f), 35 ml (g) und 42 ml (h)

Dies deutet daraufhin, dass sich ein neues Porensystem bildet, welches die zunächst gebildeten Makroporen mit neuem Silikatmaterial von außen nach innen ausfüllt. Mit Voranschreiten der Umwandlung nimmt die Größe der Hysterese wieder ab und die Isothermenform nähert sich der des Endproduktes an.

Nach der vollständigen Umsetzung zeigt sich der für die MCM-41-Materialien typische steile Anstieg der Isotherme im im relativen Druckbereich P/P^0 von 0,35 bis 0,4 (Abb. 5h), die die enge Porenweitenverteilung der zylindrischen Poren und die einheitliche Sphärengestalt der Partikel widerspiegelt. Letztere wird vor allem durch den Abschnitt $0,4 < P/P^0 < 1,0$ der Sorptionsisotherme deutlich, der fast keinen Anstieg aufweist und demnach die äußere Oberfläche extrem klein ist. Dies entspricht der geometrischen Oberfläche von sphärischen Körpern. Die Erhaltung der Morphologie lässt sich zudem eindrucksvoll mittels einer ESEM-Aufnahme (Environmental Scanning Electron Microscope) zeigen (Abb. 6).

Es lässt sich zusammenfassen, dass die Auswertung der Sorptionsisothermen darauf hindeutet, dass bei der Umsetzung die zunächst entstehenden Makroporen im Verlauf der MCM-41-Bildung durch die hexagonalen Mesoporen aufgefüllt werden.

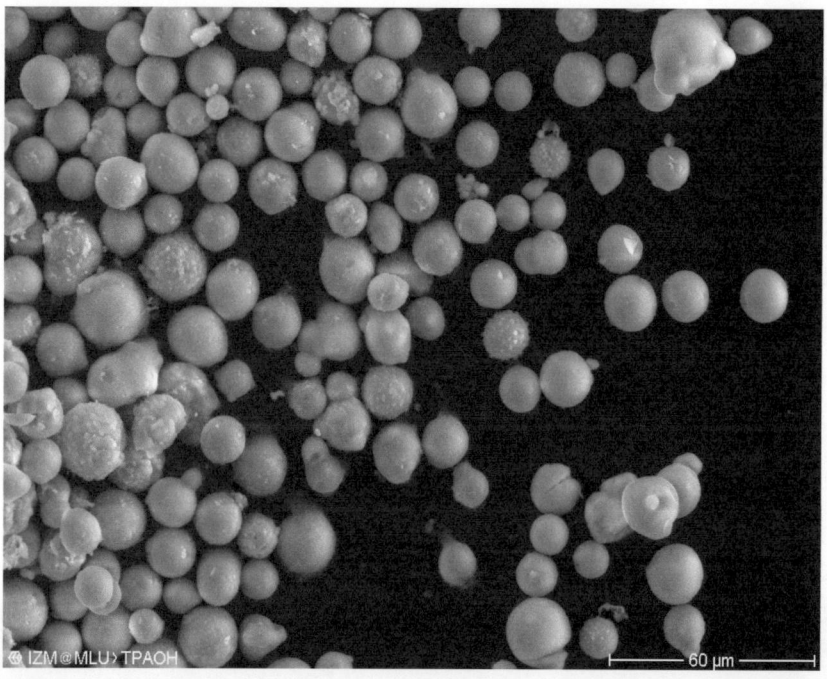

Abb. 6 : ESEM-Aufnahme des Synthesesproduktes mit einem Reaktionsvolumen von 42 ml

Dies zeigt sich auch bei der Analyse der Porenweitenverteilungen, die nach der DFT-Methode für hexagonale Poren (DFT$_{hex.}$) ermittelt wurden. Aber es wird deutlich, dass es sich bei den zwischenzeitlich gebildeten Poren nicht um Makroporen, sondern um deutlich größere Mesoporen handelt.

Beim Ausgangsmaterial LiChrospher 60 zeigt sich zunächst eine breite Porenweitenverteilung bei der Bestimmung mittels DFT$_{hex.}$ (Abb. 7) in einem Bereich von 2,5 bis 15 nm mit einem Maximum bei 6 nm. Der durch die Quecksilberintrusion ermittelte Porenbereich (Abb. 8) von 4 bis 44 nm ist größer, da bei diesen Verfahren alle und nicht nur die hexagonalen Poren berücksichtigt werden. Dennoch weist das Ausgangsmaterial ausschließlich Mesoporen auf. Diese werden während der Transformation als erstes umgebildet. Wie schon die Form der Sorptionsisotherme des Materials mit 9 ml Syntheselösung vermuten ließ, wurden die in der Ausgangsstruktur enthaltenen kleinen Poren von unter 10 nm zu Gunsten der deutlich größeren Mesoporen mit einem Durchmesser von über 25 nm aufgelöst. Dies zeigt sich auch deutlich im Anstieg des relativen Volumens im Bereich von 40 bis 12 nm in der Abbildung 8b.

Bereits nach einer Erhöhung des Reaktionsvolumens um weitere 5 ml ist die typische MCM-41-Porenweitenverteilung bei 4 nm in der DFT$_{hex.}$-Auftragung (Abb. 7c) erkennbar, wenn auch der Anteil der größeren Mesoporen innerhalb der Struktur überwiegt. Dies ist auch deutlich in der dazu gehörigen Auftragung (Abb. 8c) der Quecksilberporosimetrie erkennbar: der Anteil größerer Mesoporen geht leicht zurück, während der unter 12 nm steigt. Im Verlauf der Umwandlung setzt sich dieser Trend fort und es zeigt sich, dass die größeren Mesoporen ausgefüllt werden. Dabei entstehen zunächst mittlere Poren von 12 bis 4 nm, bevor die kleinen von 4 nm Durchmesser - typisch für MCM-41 - gebildet werden. Daraus lässt sich schließen, dass die größeren Poren stetig zu Gunsten der hexagonalen MCM-41-Struktur mit gelöstem Material aufgefüllt werden.

Mit einen Volumen von 42 ml CTMAOH-Lösung kann die Umsetzung vollständig ablaufen mit dem Ergebnis, dass keine größeren Mesoporen, sowohl in der Auftragung nach DFT$_{hex.}$ (Abb. 7h), wie auch der Quecksilberintrusion (Abb. 8h) mehr vorhanden sind und nur noch Poren mit einem Durchmesser von 4 nm vorliegen.

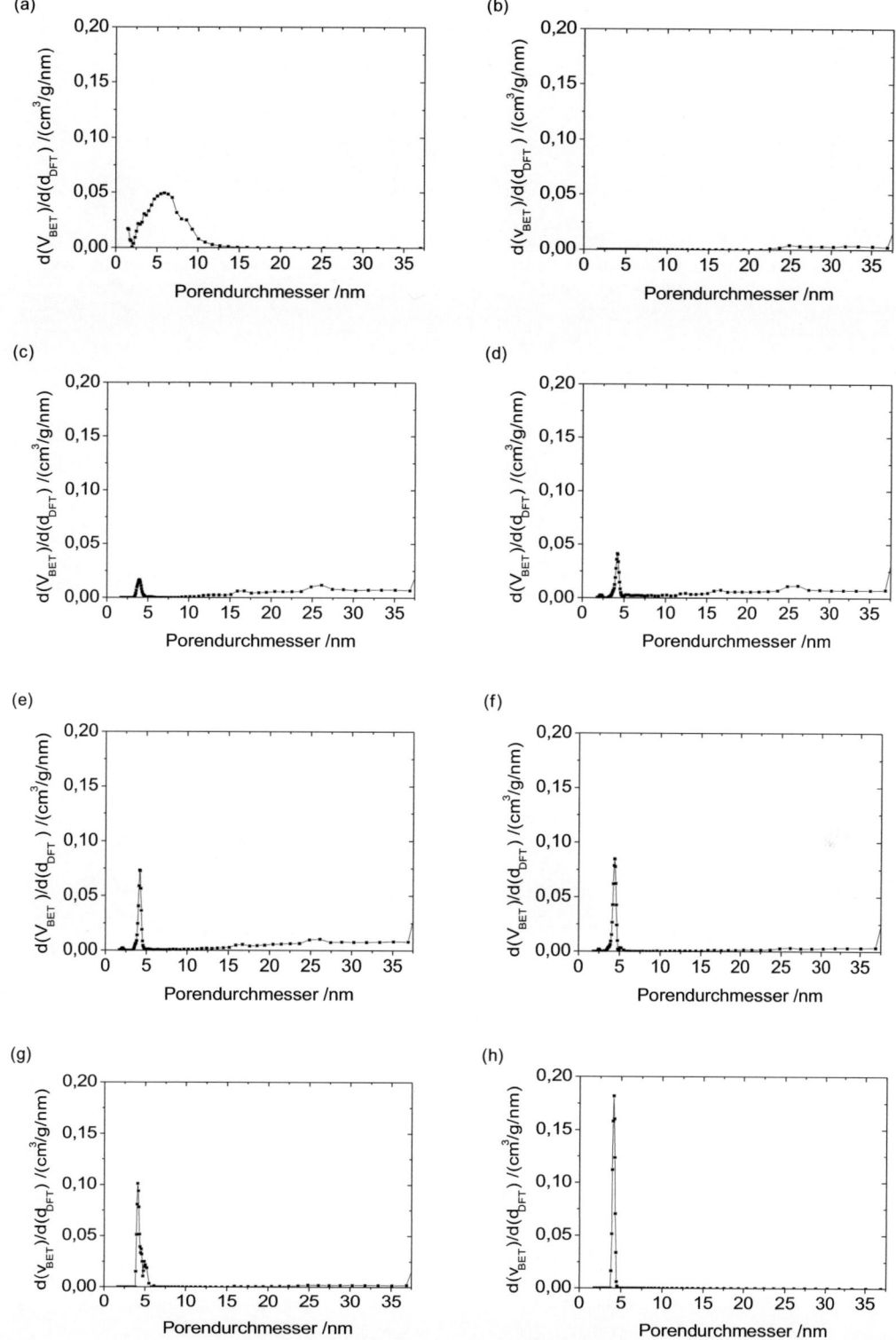

Abb. 7 : Porenweitenverteilung (nach DFThex.) des Eduktes LiChrospher 60 (a) und der Materialien aus der Synthese mit einem Reaktionsvolumen von 9 ml (b), 14 ml (c), 19 ml (d), 24 ml (e), 29 ml (f), 35 ml (g) und 42 ml (h)

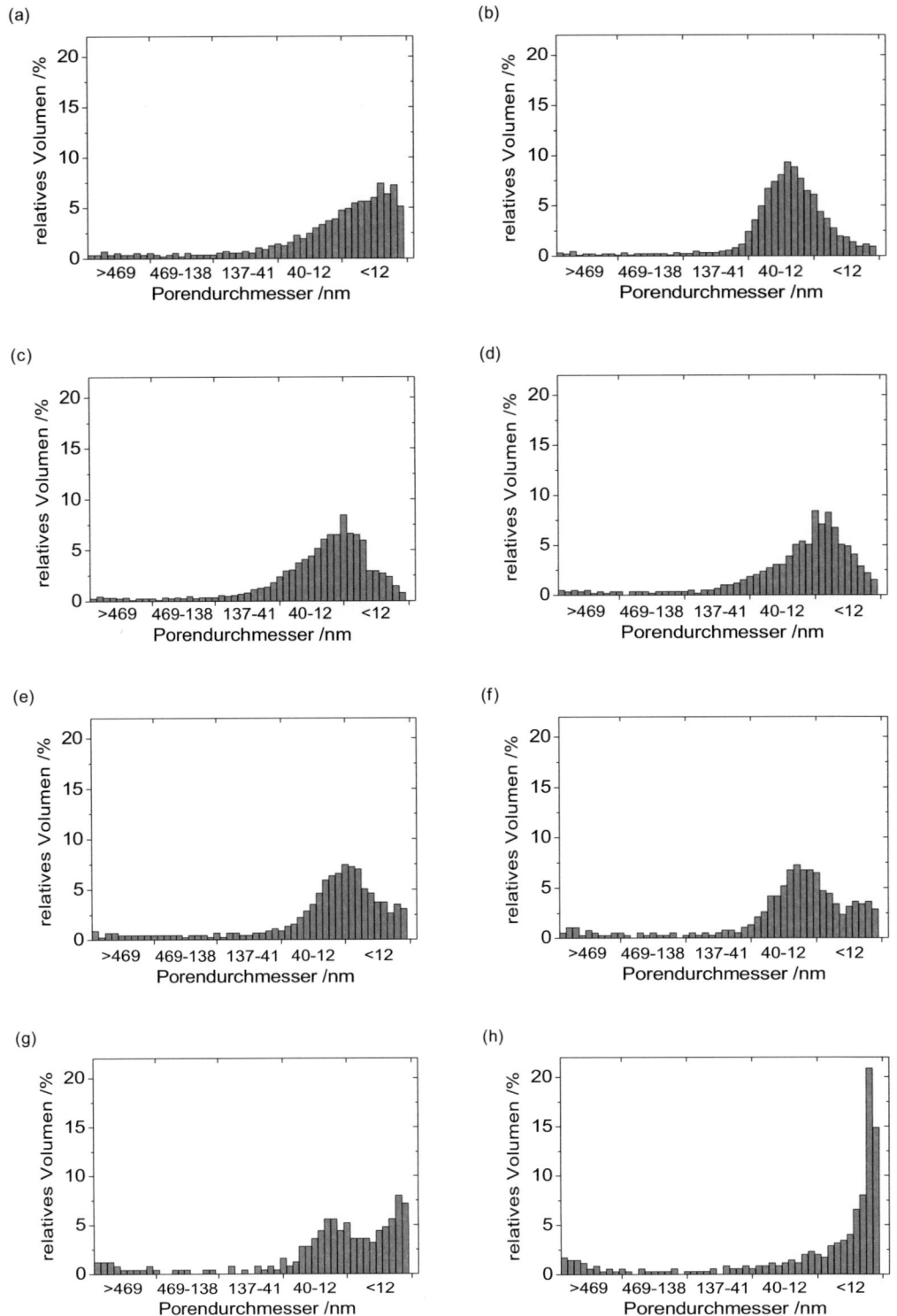

Abb. 8 : Porenweitenverteilung (ermittelt mit Quecksilberintrusion) des Edukts LiChrospher 60 (a) und Materialien aus der Synthese mit einem Reaktionsvolumen von 9 ml (b), 14 ml (c), 19 ml (d), 24 ml (e), 29 ml (f), 35 ml (g) und 42 ml (h)

Beim Vergleich der Abbildungen 7 und 8 zeigt sich, dass die Porenweiten der Stickstoffadsorption und Quecksilberintrusion nicht gleich verteilt sind. Dies deutet darauf hin, dass mit jeder der beiden Methoden nur ein spezifischer Anteil der Poren des Materials erfasst werden kann. Besonders deutlich wird dies bei der Auftragung des Porenvolumens gegenüber des eingesetzten Reaktionsvolumens (Abb. 9), welches einen gegenläufigen Trend für die beiden Methoden aufzeigt. Dieser verdeutlicht, dass bei geringen Reaktionsvolumina große Mesoporen entstehen, die nicht durch die Stickstoffadsorption sondern nur durch die Quecksilberintrusion erfasst werden können. Die Verringerung des Porenvolumens mit steigendem Reaktionsvolumen spiegelt den Einbau des hexagonalen Porensystems in die großen Mesoporen wider. Der Abfall unter den Wert der Adsorption zeigt, dass das Quecksilber nicht in alle Poren des MCM-41-Materials eindringen kann.

Daraus lässt sich ableiten, dass die Adsorption vorwiegend die hexagonalen Mesoporen wiedergibt, die im Verlauf der Synthese gebildet werden. Während die Quecksilberporosimetrie hauptsächlich die größeren Mesoporen erfasst, die aufgefüllt werden.

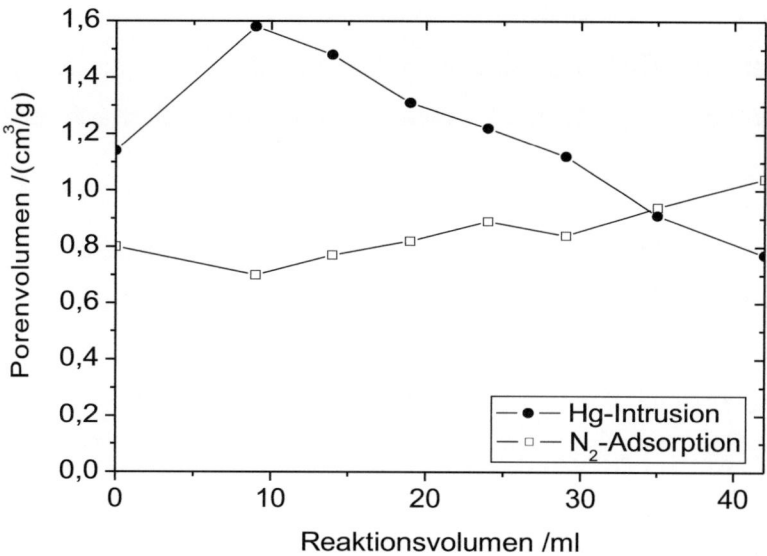

Abb. 9 : Abhängigkeit des Porenvolumen vom eingesetzten Volumen an CTMAOH-Reaktionslösung ermittelt durch Quecksilberintrusion (schwarze Kreise) und Stickstoffadsorption (weiße Quadrate)

4.2 Isomorph substituierte MCM-41-Materialien

Um das Spektrum der Eigenschaften des neuen transformierten MCM-41-Materials zu erweitern, wurde der Versuch unternommen, isomorphe Substitution mit verschiedenen Fremdionen durchzuführen. Dabei wurden die Metallsalze verwendet, in denen schon das Oxometallatanion vorliegt, von dem ausgegangen werden kann, dass es sich unter den basischen Synthesebedingungen bildet und bevorzugt in den Wall eingebaut wird. So liegen die Oxometallatanionen von Aluminium, Chrom, Mangan, Titan und Vanadium bereits tetraedrisch von Sauerstoff umgeben vor. Nur bei Molybdän und Wolfram ist die Umgebung oktaedrisch [57].

Zum Vergleich wurden die Substitutionen auch mit der bekannten Direktsynthese (D) durchgeführt und darauf geachtet, dass das Silizium-Element-Verhältnis Si/E unabhängig vom Syntheseweg konstant 78 betrug. Eine Ausnahme bilden die Referenzproben ohne Fremdatome, die auch schon zur Aufklärung des Transformationsmechanismus verwendet wurden (siehe Abschnitt 4.1). Bereits an diesen zeigt sich ein deutlicher Unterschied zwischen den Produkten der beiden Syntheserouten (Abb. 10). Die Sorptionsisothermen der Transformationsprodukte weisen einen deutlich steileren Anstieg im Bereich $0,3 < P/P^0 < 0,5$ auf, als das bei denen der Direktsynthese der Fall ist. Dies deutet darauf hin, dass das System in einem geordneteren Zustand vorliegt. Dies zeigt sich auch in der schärferen Porenweitenverteilung.

Zudem wird deutlich, dass bei der Transformation (T) hexagonale Poren mit einem Durchmesser von 4 nm (berechnet nach DFT$_{hex.}$) entstehen, während die im Material nach dem klassischen Verfahren im Durchschnitt 0,8 nm kleiner sind. Dies geschieht, obwohl in beiden Fällen das gleiche SDA verwendet wurde und davon ausgegangen wird, dass dieses hauptverantwortlich ist für die entstehende Porengröße.

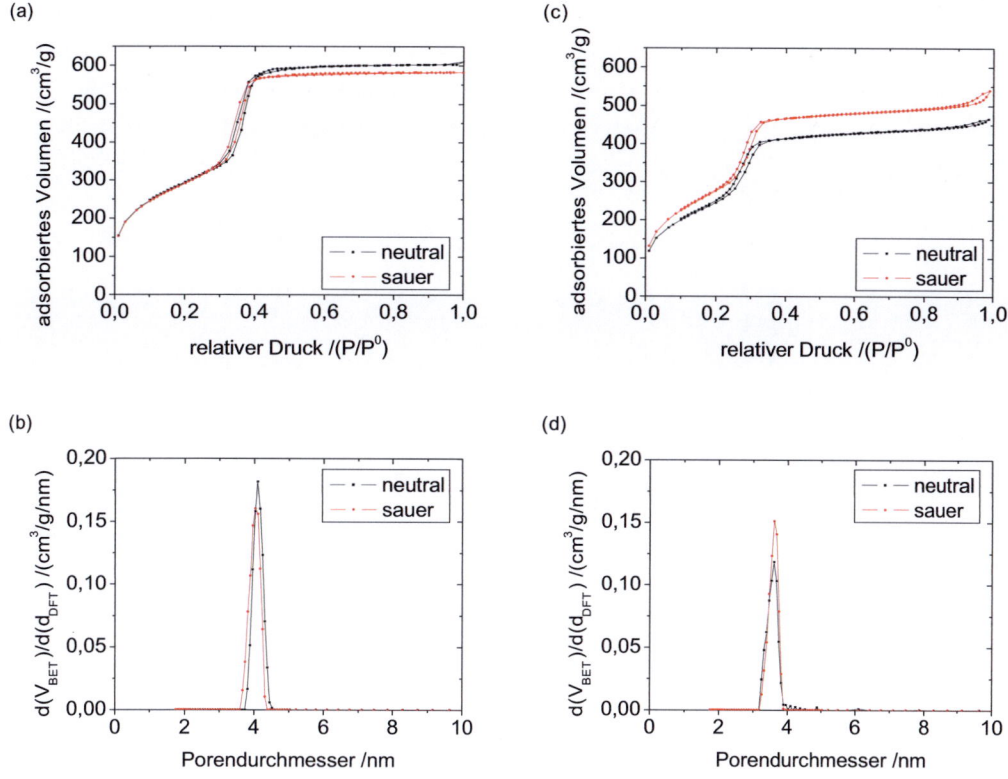

Abb. 10 : Stickstoffsorptionsisothermen und Porenweitenverteilungen nach DFT$_{hex.}$ des unsubstituierten MCM-41-Materials entstanden durch die Transformation (a) und (b) bzw. durch die Direktsynthese (c) und (d); schwarze Graphen - Produkte mit neutraler Waschung, rote - saurer Nachbehandlung (siehe Syntheseablauf 3.3 und 3.4)

Auch in den Röntgendiffraktogrammen zeigt sich ein Unterschied zwischen den Verfahren (Abb. 11). Zwar enthalten beide die für MCM-41 typische Signalverteilung (siehe Abschnitt 2.4.3), aber das Signal des Transformationsproduktes ist verbreitert und dessen Maxima zu kleineren 2θ-Winkeln verschoben. Es zeigt sich, dass die Elementarzelle *a* (bestimmt nach Gleichung 3) des Transformationsproduktes mit 4,82 nm größer ist als die der Direktsynthese mit nur 4,10 nm. Dies korreliert mit den Verhalten der Porendurchmesser und -volumen (Tab. 3) und mit den Ergebnissen von Martin et al. [33], die LiChrospher 60 mit CTMABr umgesetzt haben. Deren angegebene Werte bezüglich spezifischer Oberfläche und Porenvolumen konnten aber deutlich übertroffen werden [28].

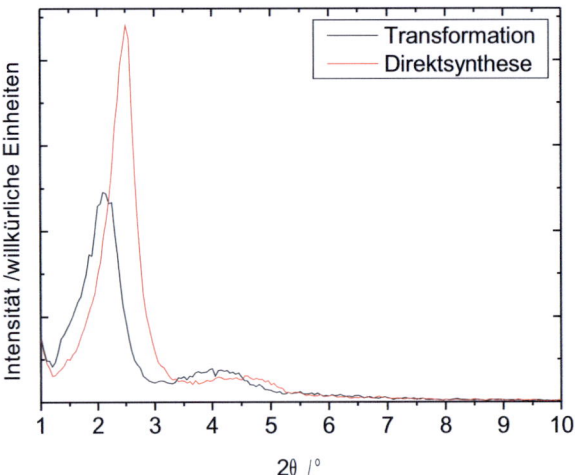

Abb. 11 : Röntgenpulverdiffraktogramme für das unsubstituierte MCM-41-Produkt der Transformation (schwarz) und der Direktsynthese (rot)

Durch die saure (s) Waschung (Abb. 10; rot hervorgehobene Graphen) nach der Kalzinierung konnte eine Optimierung des Direktsyntheseproduktes erreicht werden. Es ist zu vermuten, dass durch die Prozedur loses Material, was nicht dem des MCM-41 entspricht, ausgewaschen und so die spezifische Oberfläche (Tab. 3) erhöht wurde. Auf die Produkte der Sekundärsynthese konnte kein positiver Einfluss festgestellt werden. Diese enthalten scheinbar kein ungeordnetes Material.

Anders verhält sich dies bei den durch Fremdatome substituierten Materialien. Bei diesen konnte auch bei den Transformationsprodukten stets eine Erhöhung der spezifischen Oberfläche (Tab. 3) festgestellt werden. Es ist zu vermuten, dass durch die saure Behandlung nicht in den Wall eingebautes Metallsalz aus den Poren gewaschen und so die Oberflächenvergrößerung ermöglicht wird. Zudem zeigt sich, dass durch die Transformation in der Regel größere spezifische Oberflächen erreicht werden, als es bei der klassischen Direktsynthese der Fall ist. Ein Einfluss auf den Porendurchmesser kann dagegen nicht gezeigt werden. Dieser hängt hauptsächlich von der gewählten Synthesemethode ab.

Ausnahmen ergeben sich für das Transformationprodukt Ti-MCM-41, dessen mittlerer Porendurchmesser im Bereich der Direktsynthesewerte liegt. Für Mn- und Mo-MCM-41 kann der gegenläufige Effekt beobachtet werden: hier sind die Poren der D-Syntheseprodukte im Mittel so groß wie die der Transformation. Erklärbar ist dies durch die Auftragungen der Porenweitenverteilung nach $DFT_{hex.}$ (Abb. 12), die aufzeigen, dass diese Proben neben den MCM-41 typischen 4 nm großen, auch größere Mesoporen enthalten.

Das mittlere Porenvolumen verhält sich zum mittleren Porendurchmesser äquivalent. Transformationsproben kommen dem Idealwert von $1\ cm^3 \cdot g^{-1}$ meist sehr nahe oder erreichen diesen sogar. Die Volumina bei der klassischen Synthese liegen in der Regel darunter.

Tab. 3 : Übersicht über die spezifische Oberfläche A_{BET}, die mittlere Porenweite d_{DFT} und das mittlere Volumen V_{BJH} der verschiedenen isomorph substituierten und nachbehandelten MCM-41-Materialien (T - Transformation, D - Direktsynthese, n - neutrale bzw. s - saure Nachbehandlung)

Element	Methode	A_{BET} /(m²/g)		d_{DFT} /nm		V_{BJH} /(cm³/g)	
		n	s	n	s	n	s
-	T	1051	1049	4,06	4,04	1,04	1,02
	D	920	1061	3,59	3,61	0,84	0,85
Aluminium	T	1030	1060	4,08	4,07	1,02	1,01
	D	889	967	3,34	3,58	0,64	0,97
Chrom	T	898	926	4,17	4,15	0,92	0,95
	D	912	920	3,44	3,58	0,83	0,86
Mangan	T	854	885	4,29	4,26	0,87	0,91
	D	784	928	4,29	4,29	0,79	0,93
Molybdän	T	852	898	4,16	4,07	0,88	0,92
	D	797	829	4,21	4,20	0,77	0,66
Titan	T	994	1210	3,41	3,35	0,92	1,00
	D	988	995	3,40	3,40	0,50	0,87
Vanadium	T	1021	1102	4,06	4,00	1,04	1,07
	D	903	906	3,46	3,44	0,80	0,78
Wolfram	T	897	981	4,18	4,06	0,93	0,99
	D	956	979	3,60	3,78	0,87	0,89

Nach der spezifischen Oberfläche lassen sich die verwendeten Elemente in zwei Gruppen einteilen, die im weiteren Verlauf getrennt betrachtet werden. In der ersten können die Elemente Aluminium und Vanadium zusammengefasst werden, deren Substitutionsprodukte spezifische Oberflächen von über 1000 $m^2 \cdot g^{-1}$ erreichen. Die zweite Gruppe umfasst die übrigen untersuchten Elemente, d.h. Chrom, Mangan, Molybdän, Titan und Wolfram, die dieses gewählte Gütekriterium nicht aufweisen.

4.3 Isomorphe Substitution durch Chrom, Mangan, Molybdän, Titan und Wolfram

Die Sorptionsisothermen der Transformationsprodukte substituiert durch die Elemente Chrom, Mangan, Molybdän und Wolfram (Abb. 12, exemplarisch dargestellt für Mn-MCM-41) weise eine Hysterese auf, die auf Kavitation bei der Desorption hindeuten und eine hohe Ähnlichkeit mit der Isotherme für ein CTMAOH-Reaktionsvolumen von 35 ml aufweisen (Abb. 5g). In Analogie zu den Untersuchungen zum Mechanismus der Transformation wird daher angenommen, dass die Transformation nicht vollständig abgeschlossen ist. Dies wird dadurch gestützt, dass diese Materialien meistens größere Mesoporen enthalten, die bei der Fortsetzung der Umwandlung zu MCM-41-Poren von 4 nm Durchmesser aufgefüllt werden können. Es lässt sich somit vermuten, dass eine Volumenerhöhung des SDA positive Effekte, wie beispielsweise spezifische Oberflächen von 1000 $m^2 \cdot g^{-1}$, erzielen könnte.

Im Unterschied zu den bisher erwähnten isomorph substituierten MCM-41-Materialien weist die N_2-Sorptionsisotherme des Ti-MCM-41 (Abb. 13) einen weniger starken Anstieg im Bereich des relativen Drucks 0,2 < P/P^0 < 0,4 auf, was in der breiteren Porenweitenverteilung begründet liegt. Durch die saure Nachbehandlung kann dieser Effekt zwar verringert aber nicht auf das Maß der Vergleichsproben gebracht werden. Zudem scheint der Einfluss dieser Behandlung bei den Transformationsprodukten höher zu sein, was sich darin widerspiegelt, dass die Abweichung der Isothermen der neutralen zu den sauren Produkten erheblich größer ist. Auffällig ist auch der geringere mittlere Porendurchmesser bei einem durchschnittlichen Porenvolumen, wie bereits in Abschnitt 4.2 erwähnt.

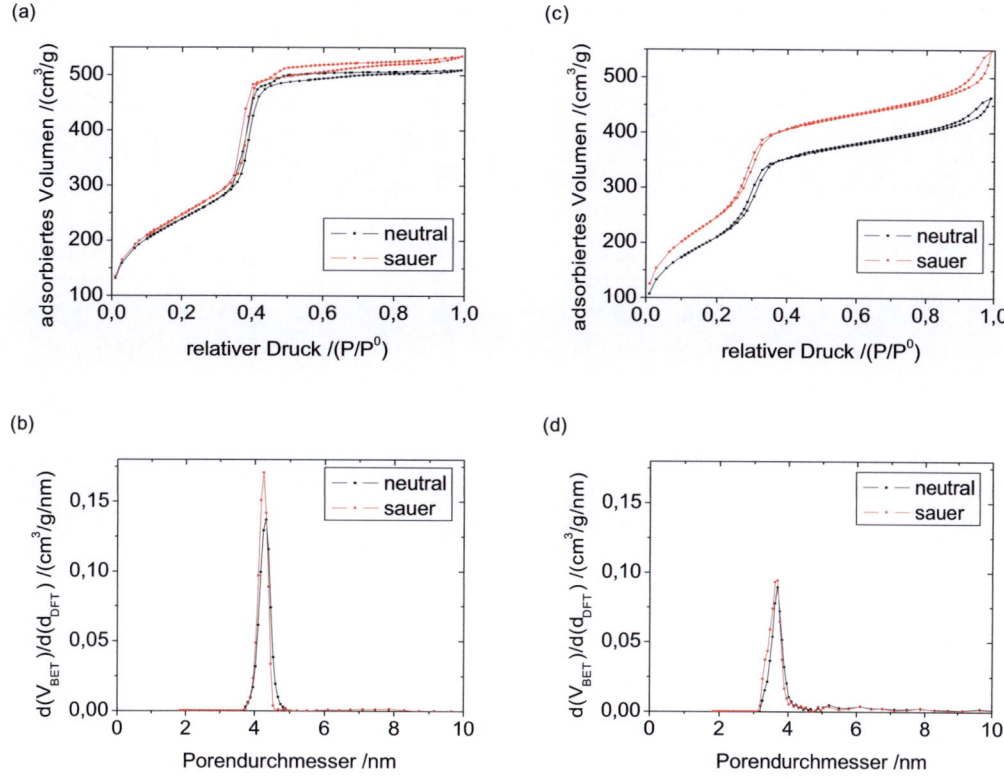

Abb. 12 : Stickstoffsorptionsisothermen und Porenweitenverteilungen nach DFT_hex. des Mn-MCM-41-Materials entstanden durch die Transformation (a) und (b) bzw. durch die Direktsynthese (c) und (d); schwarze Graphen - Produkte mit neutraler Waschung, rote - saurer Nachbehandlung

Das lässt die Vermutung zu, dass sich Titan für die isomorphe Substitution bei der Transformationssynthese beim gewählten Si/Ti-Verhältnis von 78 weniger gut eignet als andere Elemente bzw. im Vergleich zum Einsatz in der Direktsynthese.

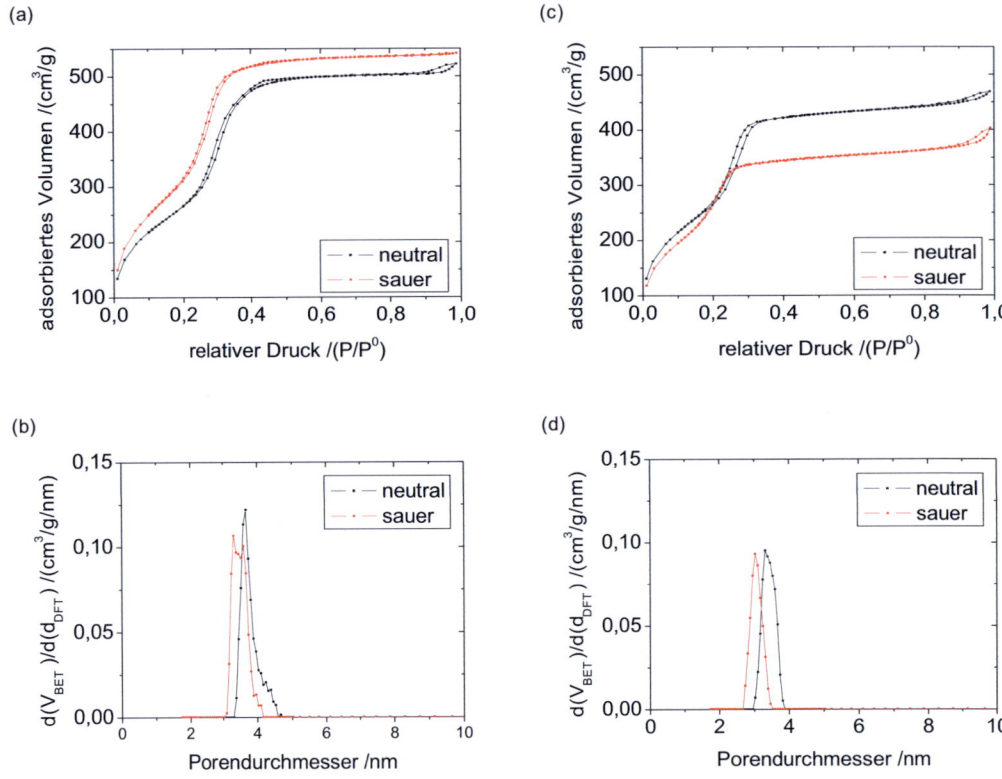

Abb. 13 : Stickstoffsorptionsisothermen und Porenweitenverteilungen nach DFT$_{hex.}$ des Ti-MCM-41-Materials entstanden durch die Transformation (a) und (b) bzw. durch die Direktsynthese (c) und (d); schwarze Graphen - Produkte mit neutraler Waschung, rote - saurer Nachbehandlung

4.4 Isomorphe Substitution durch Vanadium

Im Einklang zu den bisherigen Ergebnissen zeigt sich auch bei den V-MCM-41-Materialien, die durch Transformation und Direktsynthese entstanden sind, ein deutlicher Unterschied sowohl in den Sorptionsisothermen wie auch in der Porenweitenverteilung zwischen den Produkten beider Methoden (Abb. 14). Der starke Anstieg der Transformationsisotherme und die schärfere Porenweitenverteilung spiegeln sich besonders deutlich in den erhöhten Werten für die spezifische Oberfläche und des BJH-Porenvolumens wider (Tab. 4). Beim Vergleich zu den unsubstituierten MCM-41-Materialien können aber sowohl bei den Transformations-, wie auch bei den Direktsyntheseprodukten, ähnlich gute

Textureigenschaften festgestellt werden. Daher lässt sich vermuten, dass sich gerade Vanadium besonders gut für den Einbau in den Wall eignet. Auch der geringe Unterschied zwischen saurer und neutraler Behandlung lässt den Schluss zu, dass nur wenig ungeordnetes Material während der Synthese entsteht.

Im Vergleich dazu erzielten Schulz et al. [58] mit einer ähnlichen einstufigen V-MCM-41-Synthese, die allerdings keine pseudomorphe Transformation beinhaltete, gegenteilige Ergebnisse. Weder konnten sie eine ähnlich scharfe Porenweitenverteilungen noch Porendurchmesser im mesoporösen Bereich erreichen.

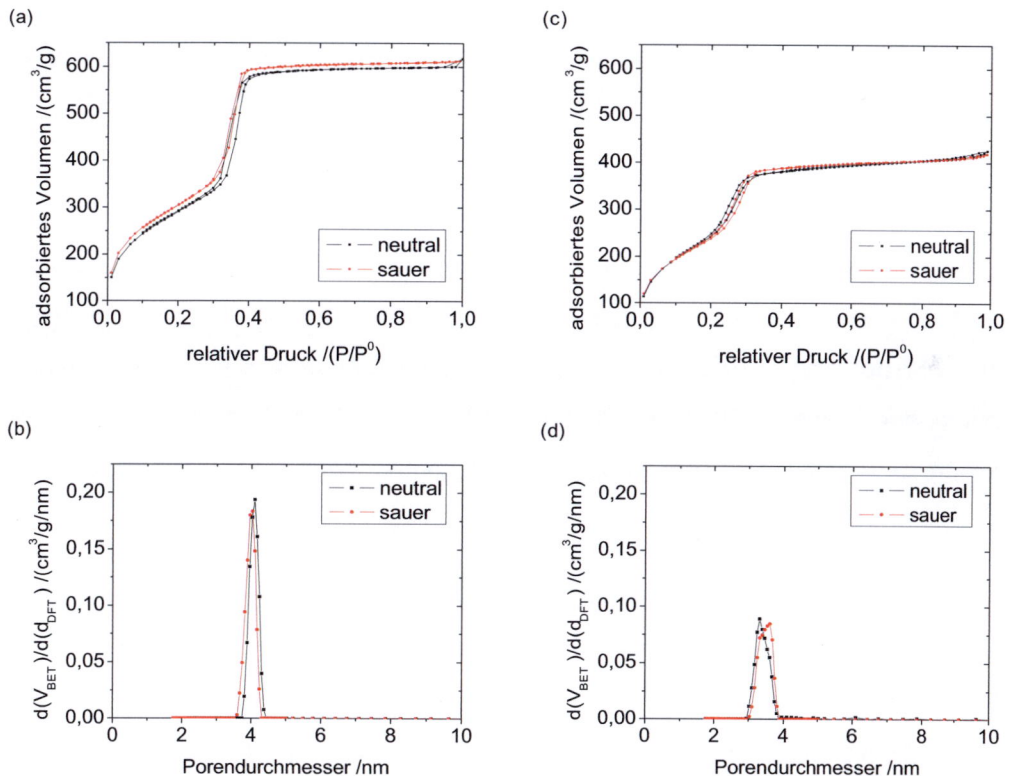

Abb. 14 : Stickstoffsorptionsisothermen und Porenweitenverteilungen nach DFT$_{hex.}$ des V-MCM-41-Materials entstanden durch die Transformation (a) und (b) bzw. durch die Direktsynthese (c) und (d); schwarze Graphen - Produkte mit neutraler Waschung, rote - saurer Nachbehandlung

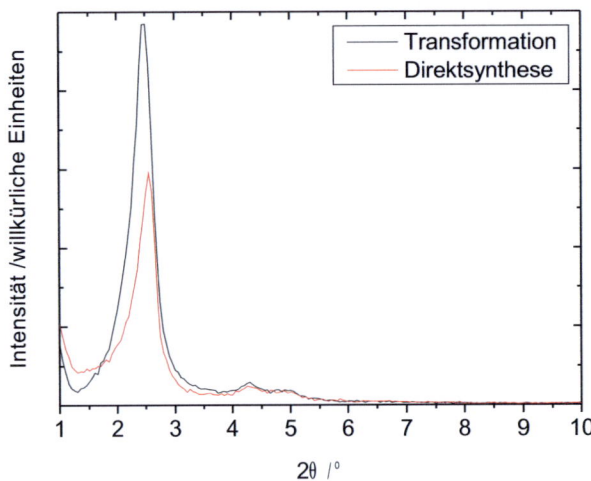

Abb. 15 : Röntgenpulverdiffraktogramme für das V-MCM-41-Produkt der Transformations-
(schwarz) und der Direktsynthese (rot) mit einem Si/V- Verhältnis von 78

Die Verteilung der Reflexe der Röntgenbeugungsdiagramme für die Produkte aus beiden Synthesevarianten entsprechen denen einer MCM-41-Struktur (Abb. 15). Deren Analyse zeigt, dass die Größenunterschiede der Elementarzellen mit 4,11 nm für das Transformations- und mit 4,01 nm für das Direktsyntheseprodukt geringer sind, als bei den vergleichbaren unsubstituierten Materialien. Deren Abweichung voneinander liegt im Durchschnitt bei 0,72 nm. Eine große Differenz mit 0,46 nm weisen dagegen die Porenwandstärken (bestimmt nach Gleichung 4) für V-MCM-Produkte auf.

Aufgrund der positiven Eigenschaften des V-MCM-Transformationsproduktes bestand das Interesse in weiterführenden Untersuchungen. Um den Einfluss der Vanadiumkonzentration auf die Produkteigenschaften zu untersuchen, wurden zusätzlich Materialien mit Si/V-Verhältnissen von 156 und 39 mittels Transformation synthetisiert. Es zeigt sich aber, dass durch die Konzentrationsvariation in diesem Maße keine signifikante Änderung in der Textur beobachtet werden kann (Tab. 4), d.h. dass alle betrachteten Werte im Rahmen der Messungenauigkeit konstant bleiben. Dies zeigt sich auch in der hohen Ähnlichkeit der grafischen Darstellungen von Sorptionsisothermen und Porenweitenverteilung der einzelnen Materialien (Abb. 16 a/b und 14) zueinander.

Tab. 4 : Übersicht über die spezifische Oberfläche A_{BET}, die mittlere Porenweite d_{DFT} und das mittlere Volumen V_{BJH} der V-MCM-41-Materialien mit verschiedenen Si/V-Verhältnissen (T - Transformation, D - Direktsynthese, n - neutrale- bzw. s - saure Nachbehandlung)

Si/V	Methode	A_{BET} /(m²/g)		d_{DFT} /nm		V_{BJH} /(cm³/g)	
		n	s	n	s	n	s
∞	T	1051	1049	4,06	4,04	1,04	1,02
	D	920	1061	3,59	3,61	0,84	0,85
156	T	1011	1002	4,07	4,07	1,00	1,00
78	T	1021	1102	4,06	4,00	1,04	1,07
	D	903	906	3,46	3,44	0,80	0,78
39	T	979	1021	4,07	4,03	0,98	1,03

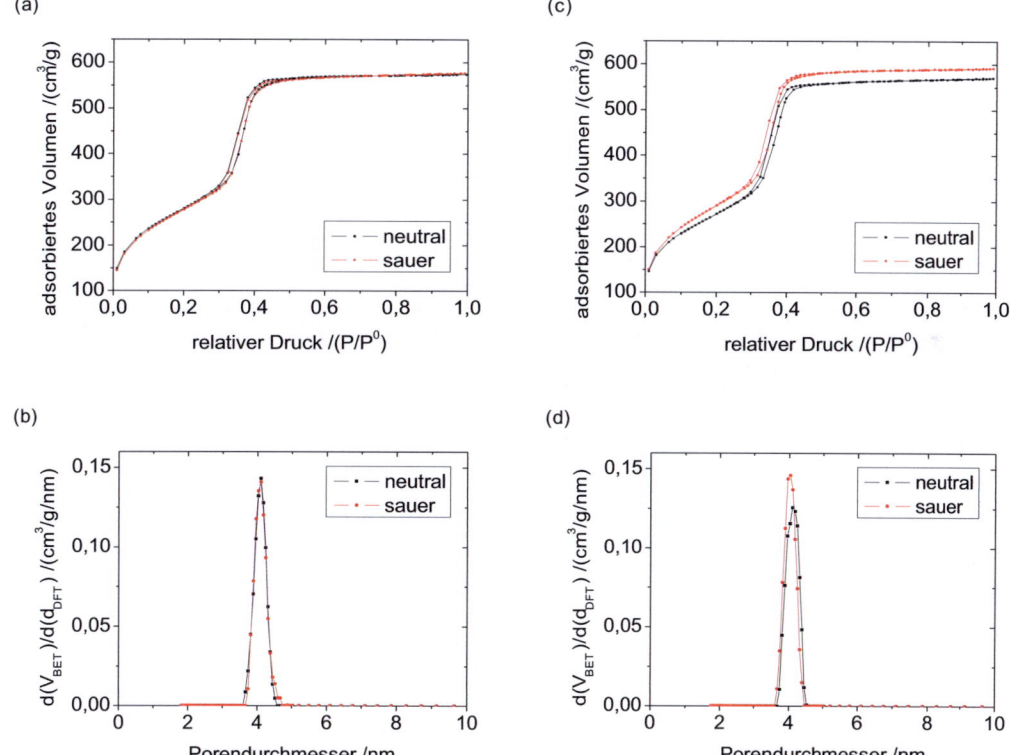

Abb. 16 : Stickstoffsorptionsisothermen und Porenweitenverteilungen nach $DFT_{hex.}$ des V-MCM-41-Transformationsmaterials mit Si/V-Verhältnis 156 (a) und (b) bzw. 39 (c) und (d); schwarzen Graphen - Produkte mit neutraler Waschung, rote - saurer Nachbehandlung

4.5 Isomorphe Substitution durch Aluminium

4.5.1 Strukturelle Charakterisierung

Vergleichbar gute Ergebnisse zeigen die Stickstoffsorptionsmessungen auch für die mit Aluminium substituierten MCM-41 der Transformation mit einem Si/Al-Verhältnis von 78. Wie auch schon bei MCM-41 und V-MCM-41 weist die Sorptionsisotherme den starken Anstieg im P/P⁰-Bereich von 0,3 bis 0,4 und dem anschließenden fast anstiegsfreien P/P⁰-Bereich auf (Abb. 17). Die hohe spezifische Oberfläche (Tab. 5) von 1030 m²·g⁻¹ und die enge DFT$_{hex.}$-Porenweitenverteilung dienten als Grundlage dafür, weitere Aluminiumangebote innerhalb beider Syntheserouten zunächst texturell und mittels Röntgenpulverdiffraktometrie zu untersuchen.

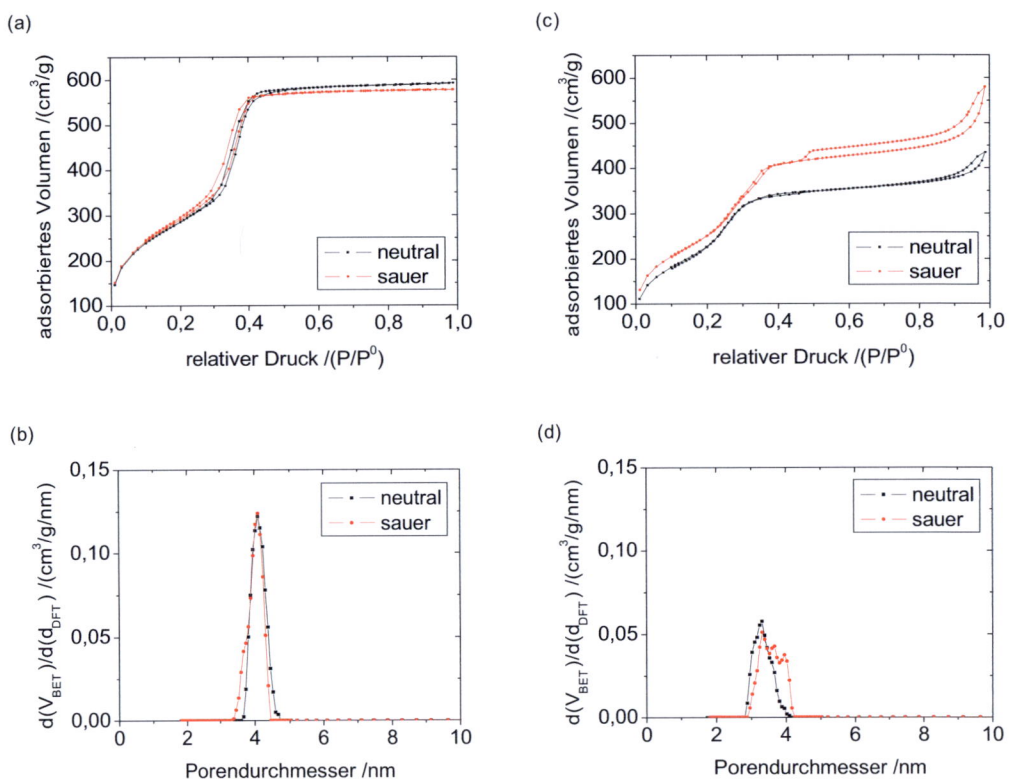

Abb. 17 : Stickstoffsorptionsisothermen und Porenweitenverteilungen nach DFT$_{hex.}$ des Al-MCM-41-Materials mit einem Si/Al-Verhältnis von 78 entstanden durch die Transformation (a) und (b) bzw. durch die Direktsynthese (c) und (d); schwarze Graphen - Produkte mit neutraler Waschung, rote - saurer Nachbehandlung

Tab. 5 : Übersicht über die spezifische Oberfläche A_{BET}, die mittlere Porenweite d_{DFT} und das mittlere Volumen V_{BJH} der Al-MCM-41-Materialien mit verschiedenen Si/V-Verhältnissen (T - Transformation, D - Direktsynthese, n - neutrale- bzw. s - saure Nachbehandlung)

Si/Al	Methode	A_{BET} /(m²/g)		d_{DFT} /nm		V_{BJH} /(cm³/g)	
		n	s	n	s	n	s
∞	T	1051	1049	4,06	4,04	1,04	1,02
	D	920	1061	3,59	3,61	0,84	0,85
156	T	998	1007	4,08	4,02	0,99	0,97
	D	486	1366	3,34	3,45	0,32	0,99
78	T	1030	1060	4,08	4,07	1,02	1,01
	D	889	967	3,42	3,58	0,64	0,97
39	T	1029	1045	4,04	4,07	1,01	1,03
	D	1118	967	3,78	3,58	0,64	0,97

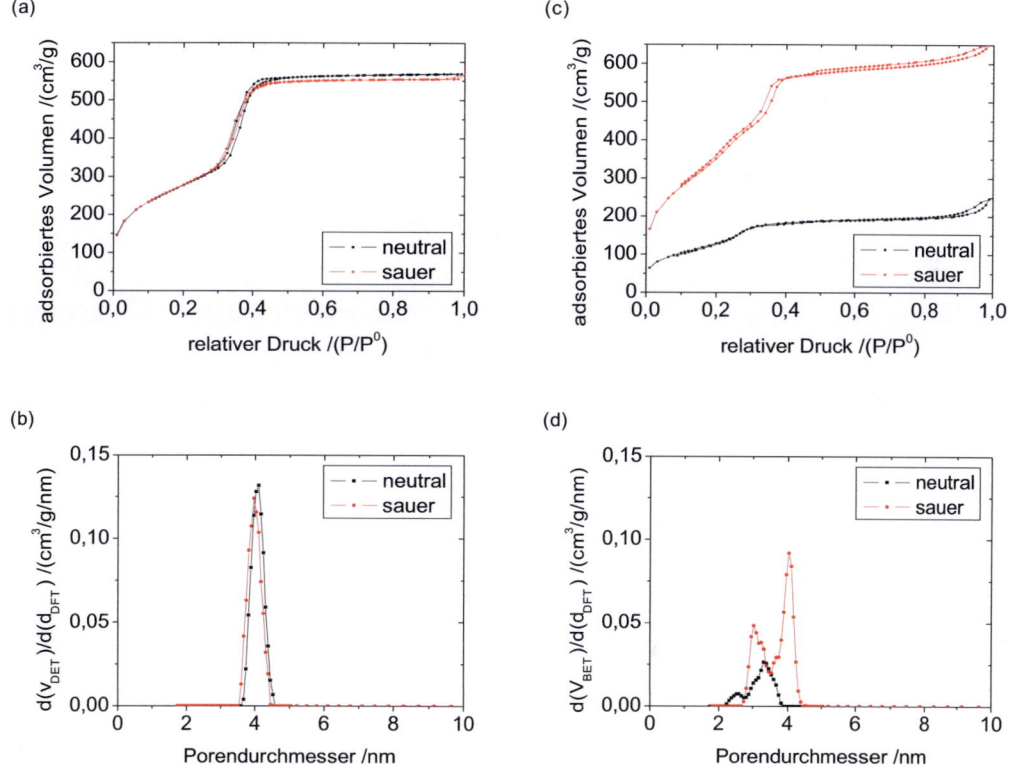

Abb. 18 : Stickstoffsorptionsisothermen und Porenweitenverteilungen nach DFT$_{hex.}$ des Al-MCM-41-Materials mit einem Si/Al-Verhältnis von 156 entstanden durch die Transformation (a) und (b) bzw. durch die Direktsynthese (c) und (d); schwarze Graphen - Produkte mit neutraler Waschung, rote - saurer Nachbehandlung

Dabei zeigt sich, dass sich die spezifische Oberfläche für die beiden Produkttypen unterschiedlich verhält. Während sie auch bei steigendem Aluminiumangebot bei den Transformations-MCM-41 nahe zu konstant bleibt, unterliegt sie bei der klassischen Direktsynthese keinem geordneten Verhalten. Dies spiegelt sich auch in den dazu gehörenden Sorptionsisothermen (Abb. 17 bis 19) wider. Während die für T-MCM-41 nahezu identisch sind, weichen die für D-MCM-41 in ihrer Form und ihrem Verlauf stark voneinander ab. Teilweise tritt eine zweite Hysterese im P/P^0-Bereich von 0,5 bis 1,0 auf, die darauf hin deutet, dass die MCM-41-Bildung nicht vollständig ablaufen konnte. All dies spiegelt sich auch in den Porenweitenverteilungen wieder. Meist sind diese sehr breit und es treten mehrere Maxima auf. Dies deutet daraufhin, dass das Material eher uneinheitlich strukturiert ist. Durch die sauren Nachbehandlungen wurde dieser Effekt noch verstärkt. Die Porenweitenverteilungen der Transformationsprodukte dagegen zeigen keinen negativen Einfluss auf die saure Behandlung und haben den gewünschten idealen Verlauf. Zudem fällt auf, dass mit steigendem Si/Al-Verhältnis auch deren Porendurchmesser gering wächst.

Ein deutlicher Anstieg wie bei González et al. [59] oder Abfall wie bei Chen et al. [60] der spezifischen Oberfläche mit Erhöhung des Aluminiumangebots kann bei keiner der beiden Synthesemethoden beobachtet werden.

Die Röntgendiffraktogramme der Al-MCM-41 zeigen ein ähnliches Verhalten wie die der unsubstituierten MCM-41-Materialien. Die Reflexe der Transformations-materialien sind im Vergleich zu den Produkten der klassischen Synthese verbreitert und deren Lage ist zu kleineren 2θ-Winkeln verschoben (Abb. 20).

Die Auswertung der Ergebnisse (Tab. 6) nach den Gleichungen 3 und 4 (siehe Abschnitt 2.4.3) zeigt, dass sich aber die Position der Maxima innerhalb der Gruppe der Transformationsprodukte mit Erhöhung des Aluminiumgehalts zu größeren Winkeln verschiebt. Dementsprechend werden die Elementarzellen und die Porenwandstärke kleiner, was in Übereinstimmung zu den Untersuchungen von González et al. [59] steht. Dies zeigt, dass der Abstand zwischen den Porenzentren sinkt, wenn das Aluminiumangebot erhöht wird.

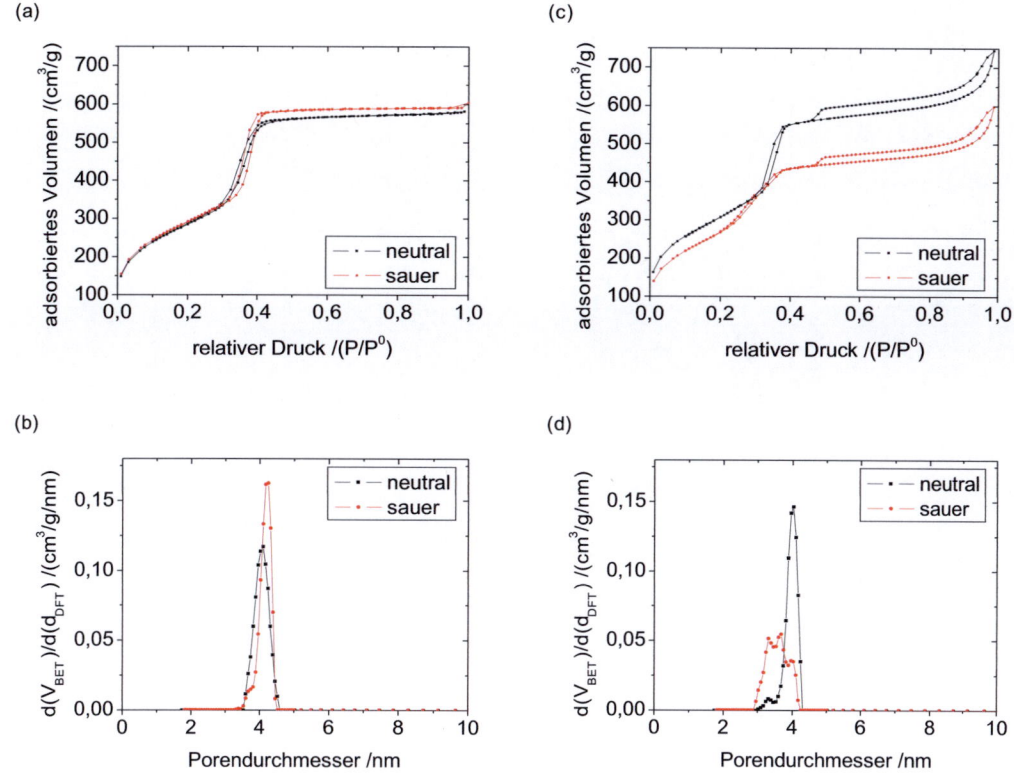

Abb. 19 : Stickstoffsorptionsisothermen und Porenweitenverteilungen nach DFT$_{hex.}$ des Al-MCM-41-Materials mit einem Si/Al-Verhältnis von 39 entstanden durch die Transformation (a) und (b) bzw. durch die Direktsynthese (c) und (d); schwarze Graphen - Produkte mit neutraler Waschung, rote - saurer Nachbehandlung

Bei den Produkten der Direktsynthese treten solche Effekte nicht auf. Für die Porenwandstärken und die Größe der Elementarzellen ist bei beiden Synthesemethoden ein Einfluss des Si/Al-Verhältnisses nicht erkennbar, wie es bei V-MCM-41 der Fall war.

(a)

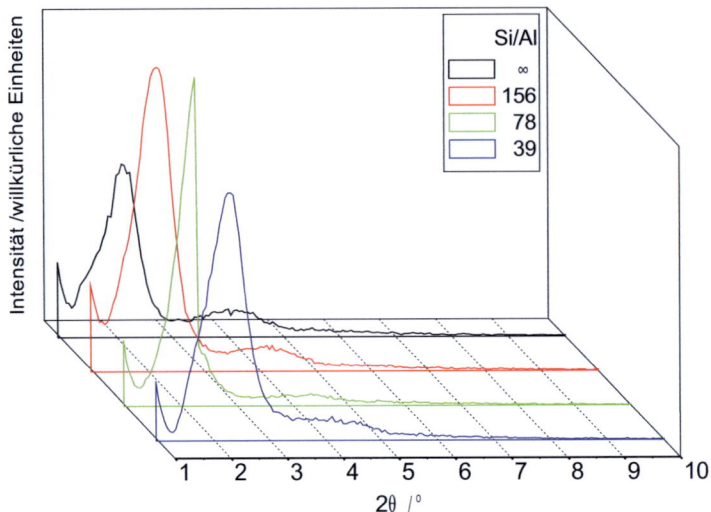

(b)

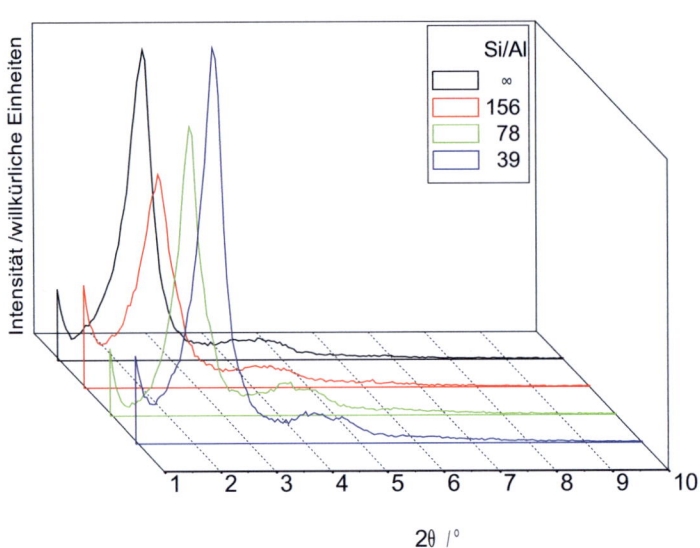

Abb. 20 : Röntgendiffraktogramme der Transformationsprodukte (a) und der Materialien der Direktsynthese (b)

Tab. 6 : Lage des Reflexes (100), Größe der Elementarzelle a und der Porenwandstärke t
für die Al-MCM-41 beider Synthesewege

Si/Al	Methode	$2\theta_{100}$ /°	a /nm	t /nm
∞	T	2,16	4,71	0,78
	D	2,49	4,10	0,49
156	T	2,15	4,74	0,72
	D	2,36	4,31	0,86
78	T	2,18	4,69	0,62
	D	2,40	4,25	0,67
39	T	2,28	4,48	0,41
	D	2,30	4,44	0,86

Die Ursache für die deutlich schlechteren Ergebnisse der Direktsyntheseprodukte
kann in der Durchführung der Synthese selbst gesucht werden. Durch die
vergleichsweise hohe Zahl an durchzuführenden Schritten nehmen auch eine
Vielzahl von Faktoren Einfluss. So kann die ausreichende Menge an Schwefelsäure
nicht sicher bestimmt werden, da die Gelbildung zeitverzögert stattfindet und deren
Endpunkt auch mit entsprechendem pH-Meter nur schwer abgeschätzt werden kann.
Es konnte aber gezeigt werden, dass der pH-Wert und damit auch das
Schwefelsäurevolumen einen erheblichen Einfluss auf das Produkt haben [55]. Auch
Wiederholungen der entsprechenden Synthesen konnten eine konstante
Produktqualität nicht gewährleisten. Es ist auf Grund der Ergebnisse der
Röntgendiffraktometrie anzuzweifeln, dass deren Aluminiumgehalte vom Angebot
abhängen, so dass die Produkte der klassischen Synthese nicht weiter untersucht
wurden. Es wurde sich im Folgenden auf die T-MCM-41-Produkte beschränkt, die
eine hohe Reproduzierbarkeit der Ergebnisse aufweisen.

4.5.2 Aluminiumgehalt und -koordination

Um zu ermitteln, in welchem Maße die saure Nachbehandlung auf den
Aluminiumgehalt Einfluss nimmt und in welcher Koordination das Aluminium vorliegt,
wurden Untersuchungen mittels ^{27}Al-MAS-NMR und Elektronenstrahlmikrosonde
durchgeführt.

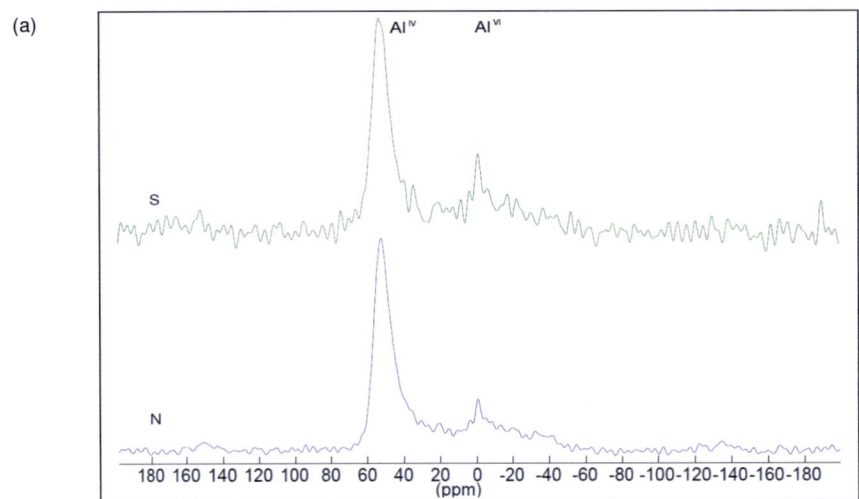

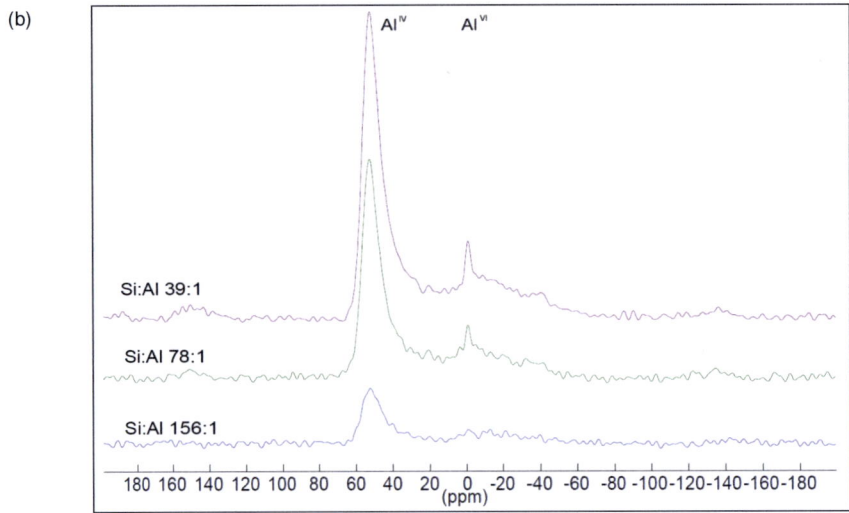

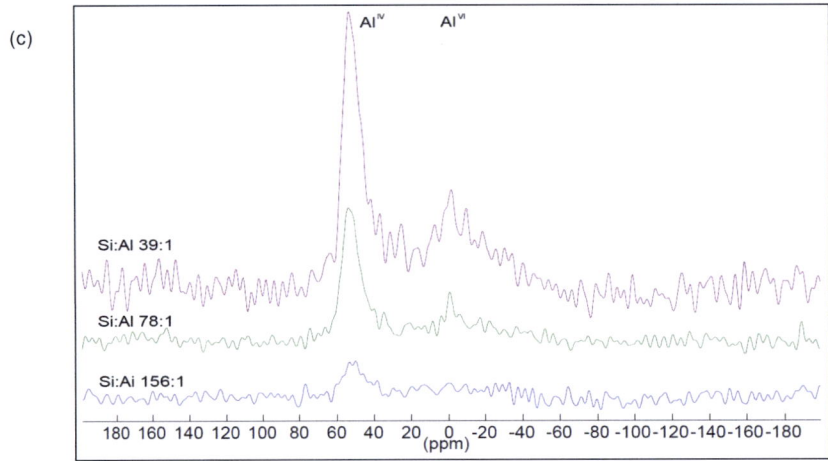

Abb. 21 : ^{27}Al-MAS-NMR-Spektren im Vergleich (a) für die Proben mit Si/Al-Angebot von 39, (b) für die neutral und (c) sauer behandelten Proben (gleiche Scanzahl, bei gleicher Probenmenge)

Dabei zeigt sich in den MAS-NMR-Spektren (Abb. 21), dass in allen Proben sowohl vierfach (Signal bei 60 ppm) wie auch sechsfach koordiniertes Aluminium (Signal bei 0 ppm) vorliegt. Dabei kann die höchste Aluminiumkonzentration in der neutral behandelten Probe mit einem Aluminiumangebot Si/Al von 39 (Abb. 21a) bestimmt werden. Mit der Erhöhung des Si/Al-Verhältnisse in der Synthesemischung sinkt folgerichtig der Aluminiumgehalt in den Proben. Es kann aber davon ausgegangen werden, dass bei allen Proben Aluminium in das Silikatgerüst eingebaut wurde.

Das Verhältnis von tetraedrisch und oktaedrisch koordiniertem Aluminium ist in allen Proben nahezu konstant (Tab. 7). Dies wird auch durch die saure Nachbehandlung nicht verändert. Dass die Aluminiumspezies nach der sauren Nachbehandlung mit 0,1 M Salzsäure im unveränderten Verhältnis zu einander vorliegen, lässt zwei Schlüsse zu. Zum einen besteht die Möglichkeit, dass diese keinen Einfluss auf den Aluminiumgehalt der Proben hat oder andererseits zur Entfernung beider Spezies führt. Dies wäre in soweit erstaunlich, weil davon ausgegangen wird, dass das tetraedrisch koordinierte Aluminium fest in den Silikatwall eingebaut ist und auf diese Weise nicht entfernt werden kann.

Tab. 7 : Vergleich des Anteils der verschiedenen Aluminiumspezies am Gesamtgehalt für die Al-MCM-41 mit saurer und neutraler Nachbehandlung (In Klammern: Reduzierte Genauigkeit bei der sauer behandelten Probe mit Si/Al-Verhältnis von 156 durch ein schlechteres Signal-Rausch-Verhältnis)

Si/Al	Nach-behandlung	Anteil Aluminiumspezies bezogen auf Gesamtgehalt /%		
		4-fach koord.	6-fach koord. (evtl. $Al(H_2O)_6$)	6-fach koord.
156	n	65	0,5	34,5
	s	(57,5)	(0)	(42,5)
78	n	69	2	29
	s	66	4	30
39	n	70	2	28
	s	59	3,5	37,5

Tab. 8 : Darstellung der Aluminiumgehalte während der verschiedenen Syntheseschritte

| | Al-Gehalt in Gew.-% | | |
Si/Al-Verhältnis	im Angebot	in neutraler Probe	in saurer Probe
156	0,33	0,02	0,01
78	0,65	0,13	0,08
39	1,27	0,13	0,03

Vergleichbare Ergebnisse konnten mittels der Elektronenstrahlmikrosondemessung für den realen Aluminiumgehalt der Proben unabhängig von der Koordination ermittelt werden (Tab. 8). Dabei wird deutlich, dass von der angebotenen Aluminiummenge nur ein geringer Teil in das Silikatgerüst eingebaut wird. Dieser steigt zunächst vom Si/Al 156 zu 78 von 0,02 auf 0,13 Gew.-% an und bleibt im Anschluss konstant. Dies zeigt, dass trotz steigenden Aluminiumangebots nur eine begrenzte Menge durch das Silikatmaterial aufgenommen werden kann und der Großteil des Aluminiumangebots nicht in den Wall eingebaut wird. Bei der Probe mit einem Si/Al-Verhältnis 39 zeigt sich zudem, dass deren Aluminiumgehalt nach der sauren Behandlung auf das Maß der 156-Probe reduziert ist.

Zudem lässt sich mit dieser ortsaufgelösten Methode beobachten, dass in den sauer nachbehandelten Proben vereinzelt Sphären entstehen, deren Aluminiumgehalt deutlich, d.h. um mehr als das zehnfache, höher liegt.

Dass es parallel zur Transformation auch zur Direktsynthese und damit zur Neubildung von Partikeln gekommen sein muss, zeigen die SEM-Aufnahmen (Scanning Electron Microscope) (Abb. 22), die für die Ortsauflösung der Mikrosondenmessungen benötigt werden. In diesen zeigen sich kleine, nicht sphärische Partikel, die einen deutlich höheren Aluminiumgehalt als die umgebenden Sphären aufweisen. Auffällig ist, dass dieser kaum von der sauren Behandlung beeinflusst wird. Zusätzlich wird durch ihre abweichende Farbdarstellung in den Aufnahmen deutlich, dass sie sich in der Zusammensetzung von den umgebenden Sphären unterscheiden. Die Art dieser Abweichung konnte aufgrund der geringen Größe nicht ermittelt werden.

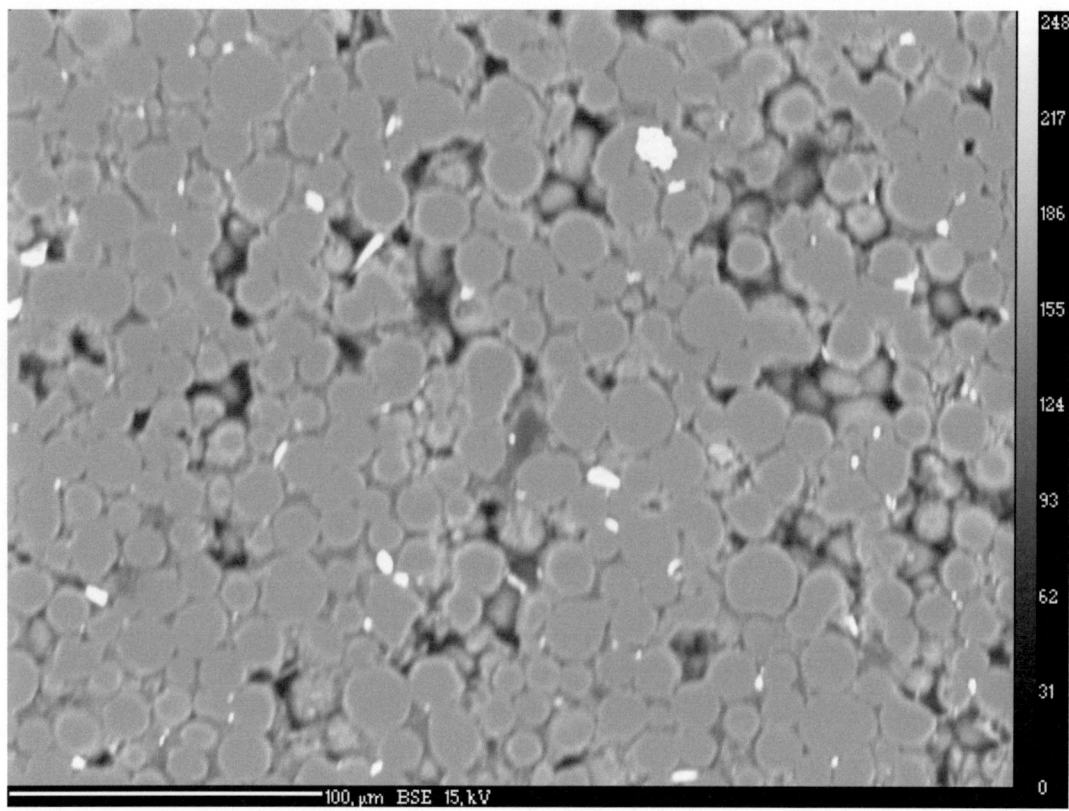

Abb. 22 : SEM-Aufnahme der Transformationsprobe mit Si/Al-Verhältnis von 156 mit saurer
Nachbehandlung

Um die bisherigen Ergebnisse zu untermauern und die Verteilung der Aluminiumatome zu bestimmen, wurde die temperaturprogrammierte Desorption mit Ammoniak durchgeführt. Dabei wird zu Grunde gelegt, dass nur oberflächennahe Atome saure Zentren ausbilden können. Tiefer im Wall gelegene können durch den Ammoniak jedoch nicht erreicht werden. Zudem wurden nochmals die Proben der Direktsynthese zum Vergleich herangezogen.

Es zeigt sich, dass je nach Syntheseroute unterschiedliche Säurezentren gebildet werden (Abb. 23). Bei den Produkten aus der pseudomorphen Transformation überwiegen zunächst, d.h. ohne Behandlung durch Säure, die schwach aziden Zentren, während bei der Direktsynthese deutlich mehr stark azide Zentren auftreten. Die saure Nachbehandlung reduziert die Anzahl der jeweiligen Zentren deutlich.

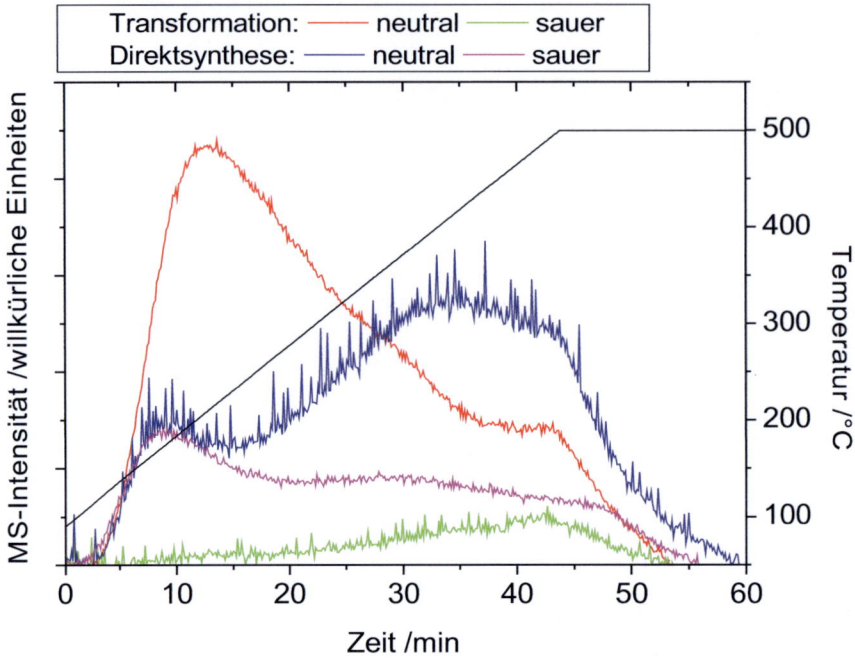

Abb. 23 : Verlauf der Ammoniakdesorption mittels TPD für die MCM-41-Materialien mit einem Si/Al-Verhältnis von 39

Es lässt sich zudem bestätigen, dass der Aluminiumgehalt der Proben mit einem Si/Al-Angebotsverhältnis von 78 und 39 vor der sauren Wäsche gleich ist. Beide weisen die gleiche Zahl und Art von aziden Zentren auf (Tab. 9), was die bestimmten Werte der Messungen mittels Mikrosonde hinreichend belegen. Auch die Absenkung des Gehalts an Aluminium dieser Proben auf das der Proben mit einem Si/Al-Verhältnis von 156 zeigt diese Methode deutlich. Demnach werden beide der vorliegenden Aluminiumspezies gleichermaßen durch die saure Behandlung herausgelöst.

Tab. 9 : Menge an desorbierten Ammoniak ermittelt aus den durchgeführten TPDs

| Si/Al | Methode | Menge desorbierter Ammoniak /(µmol/g) | | | | | | | |
| | | schwache Zentren | | mittelstarke Zentren | | starke Zentren | | Gesamtzentren -zahl | |
		n	s	n	s	n	s	n	s
156	T	4,2	0	31,7	1,3	10,4	4,4	46,3	5,7
	D	10,6	7,2	0	3,6	14,8	13,3	25,4	24,1
78	T	59,0	64,0	12,4	0,7	15,0	1,0	86,4	65,7
	D	27,2	1,3	0	0	1,5	0,3	28,8	1,6
39	T	63,1	2,8	10,0	4,4	17,5	14,3	90,5	21,6
	D	17,2	22,3	119,3	17,9	43,8	5,9	180,3	46,1

5 Zusammenfassung

Mittels der Transformationssynthese konnte der kommerziell erhältliche Ausgangsstoff LiChrospher 60 erfolgreich in MCM-41-Material unter Erhaltung der Morphologie umgesetzt werden. Dies konnte mittels der Röntgendiffraktometrie, welche für das Produkt die typischen MCM-41-Reflexe lieferte, der ESEM-Aufnahme und der Texturbestimmung mittels Stickstoffadsorption belegt werden. Letztere lieferte hohe spezifische Oberflächen von über 1000 $m^2 \cdot g^{-1}$ und enge Porenweitenverteilungen mit einem mittleren Porendurchmesser von 4 nm, die die hochgeordnete Struktur des Materials verdeutlichen.

Zudem konnte der Ablauf der Transformation aufgeklärt werden, in dessen ersten Schritt zunächst die Ausgangsstruktur zu Gunsten größerer, ungeordneter Mesoporen aufgelöst wird. Diese werden im Verlauf der Synthese mit dem zuvor gelösten Material gefüllt, wodurch sich zunächst mittlere Mesoporen und aus diesen die hexagonalen, kleinen MCM-41-Poren bilden. Dies bedeutet, dass durch die stetige Füllung von außen nach innen sich die Poren zunehmend verkleinern, bis nach 24 Stunden bei ausreichendem Volumen an Transformationslösung der Prozess abgeschlossen ist. Zu diesem Zeitpunkt liegen nur noch die typischen MCM-41-Poren mit einem mittleren Durchmesser von 4 nm vor.

Im direkten Vergleich von Transformations- und Direktsyntheseprodukten wurden große Unterschiede und auch die Vorteile der neuen Methode deutlich. Es zeigt sich dass bei dieser größere Poren und spezifische Oberflächen entstehen, obwohl das gleiche Tensid als SDA verwendet wurde. Zudem liegt die Reproduzierbarkeit dieses Verfahrens deutlich höher.

Für alle gewählten einzubauenden Elemente konnte die isomorphe Substitution während der Transformation erfolgreich durchgeführt werden. In Bezug auf ihre spezifische Oberfläche wurden diese in zwei Gruppen eingeteilt. Die erste beinhaltet alle Fremdelementprodukte, die das gewählte Gütekriterium einer spezifischen Oberfläche von 1000 $m^2 \cdot g^{-1}$ nicht überschreiten. Das betrifft die MCM-41-Materialien von Chrom, Mangan, Molybdän, Titan und Wolfram. Deren (mit Ausnahme von Ti-MCM-41) Sorptionsisothermen deuten daraufhin, dass die Umsetzung dieser

Produkte unter den festgelegten Synthesebedingungen nicht vollständig war. Eine Erhöhung der Reaktionszeit oder der Menge der Transformationslösung könnte zu einer Verbesserung der texturellen Eigenschaften dieser Materialien führen. Dies müssten weitere Untersuchungen zeigen.

Die Elemente Aluminium und Vanadium gehören zu der zweiten Gruppe, da für die Produkte des isomorphen Einbaus spezifische Oberflächen von 1000 $m^2 \cdot g^{-1}$ erhalten werden. Bei diesen wurde zusätzlich das Silizium-Element-Verhältnis in der Synthesemischung variiert. Dabei wurde festgestellt, dass sich keine Konzentrationsabhängigkeit der texturellen Eigenschaften im gewählten Rahmen ergibt.

Anhand des Al-MCM-41 wurde untersucht, in welchem Maße und welcher Koordination das Fremdatom in das Silikatgerüst gebaut wird. Dabei konnte durch ^{27}Al-MAS-NMR festgestellt werden, dass das Aluminium in den Koordinationen von vier und sechs vorlag. Der Nachweis von tetraedrisch koordinierte Aluminium lässt sicher den Schluss zu, dass die isomorphe Substitution erfolgreich war. Es ist zu vermuten, dass sich dieses Ergebnis auch auf die anderen eingebrachten Elemente übertragen lässt. Mittels der Elektronenstrahlmikrosonde konnte aufgezeigt werden, dass stets nur ein geringer Teil des angebotenen Aluminiums in die Probe aufgenommen wird und dass dieser Anteil limitiert ist. Dies bedeutet, dass der Fremdatomgehalt durch Steigerung des Angebotes nicht unbegrenzt erhöht werden kann.

Die Auswaschung des oktaedrisch koordinierten Aluminiumanteils durch eine nachträgliche Säurebehandlung konnte nur bedingt erreicht werden, da in gleichem Maße tetraedrisch kooridiniertes Aluminium aus den Proben entfernt wurde.

Für die Weiterentwicklung des Verfahrens wäre es außerdem interessant zu untersuchen, ob die Umsetzung anderer Edukte, wie anderer Formkörper oder natürlicher Ausgangsstoffe, mit vergleichbar guten Ergebnissen und hoher Reproduzierbarkeit möglich ist. Dies würde die Grundlage bieten, MCM-41 durch ein einfaches Verfahren und dementsprechend mit geringen Kosten aber gleich bleibender Qualität im großen Maßstab zu produzieren und es für den industriellen Einsatz interessant zu machen.

Literaturverzeichnis

[1] K. S. W. Sing, D. H. Everett, R. A. W. Haul, L. Moscou, R. A. Pierotti, J. Rouquerol, T. Siemieniewska, *Pure Appl. Chem.,* 1985, **57**, 603.

[2] M. Estermann, L. B. McCusker, C. Baerlocher, A. Merrouche, H. Kessler, *Nature*, 1991, **352**, 320.

[3] R. R. Xu, Z. Gao, Y. Xu, *Progress in Zeolite Science, a China Perspective*, World Scientific, Singapore, 1995.

[4] K. J. Balkus, A. G. Gabrielov, S. I. Zone, I. Y. Chang, *Synthesis of Porous Materials: Zeolite, Clays and Nanostructures*, Marcel Dekker, Inc., New York, 1997, pp. 77-91.

[5] T. Yanagisawa, T. Shimizu, K. Kuroda, C. Kato, *Bull. Chem. Soc. Japan*, 1990, **63**, 988.

[6] C. T. Kresge, M. E. Leonowicz, W. J. Roth, J. C. Vartuli, J. S. Beck, *Nature*, 1992, **359**, 710.

[7] Q. Huo, D. I. Margolese, U. Ciesla, D. G. Demuth, P. Feng, T. E. Gier, P. Sieger, A. Firouzi, B. F. Chmelka, F. Schuth, G. D. Stucky, *Chem. Mater.,* 1994, **6**, 1176.

[8] Q. Huo, D. I. Margolese, U. Ciesla, P. Feng, T. E. Gier, P. Sieger, R. Leon, P. M. Petroff, F. Schüth, G. D. Stucky, *Nature*, 1994, **368**, 317.

[9] J. C. Vartuli, K. D. Schmitt, C. T. Kresge, W. J. Roth, M. E. Leonowicz, S. B. McCullen, S. D. Hellring, J. S. Beck, J. L. Schlenker, D. H. Olson, E. W. Sheppard, *Chem. Mater.,* 1994, **6**, 2317.

[10] P. Selvam, S. K. Bhatia, C. G. Sonwane, *Ind. Eng. Chem. Res.*, 2001, **40**, 3237.

[11] V. Alfredsson, M. W. Anderson, *Chem. Mater.*, 1996, **8**, 1141.

[12] C. F. Cheng, H. He, W. Zhou, J. Klinowski, *Chem. Phys. Lett.*, 1995, **244**, 117.

[13] C.-Y. Chen, S. L. Burkett, H-X. Li, M. E. Davis, *Microporous Mater.*, 1993, **2**, 27.

[14] J. S. Beck, J. C. Vartuli, W. J. Roth, M. E. Leonowicz, C. T. Kresge, K. D. Schmitt, C. T. W. Chu, D. H. Olson, E. W. Sheppard, *J. Am. Chem. Soc.*, 1992, **114 (27)**, 10834.

[15] A. Monnier, F. Schuth, Q. Huo, D. Kumar, D. Margolese, R. S. Maxwell, G. D. Stucky, M. Krishnamurty, P. Petroff, A. Firouzi, M. Janicke, B. F. Chmelka, *Science*, 1993, **261**, 1299.

[16] G. D. Stucky, A. Monnier, F. Schuth, Q. Huo, D. Margolese, D. Kumar, M. Krishnamurty, P. Petroff, A. Firouzi, M. Janicke, B. F. Chmelka, *Mol. Cryst. Liq. Cryst.*, 1994, **240**, 187.

[17] J. N. Israelachvili, D. J. Mitchell, B. W. Ninham, *J. Chem. Soc., Faraday Trans.*, 1976, **72**, 1525.

[18] Q. Huo, D. I. Margolese, G. D. Stucky, *Chem. Mater.*, 1996, **8**, 1147.

[19] Q. Huo, J. Feng, F. Schüth, G. D. Stucky, *Chem. Mater.*, 1997, **9** ,14.

[20] M. Grün, I. Lauer und K. K. Unger, *Adv. Mater.*, 1997, **9 (3)**, 254.

[21] W. Stöber, A. Fink, E. Böhm, *J. Colloid Interface Sci.*, 1968, **26**, 62.

[22] H. Yang, G. Vovk, N. Coombs, I. Sokolov, G. A. Ozin, *J. Mater. Chem.*, 1998, **8 (3)**, 743.

[23] C. Boissière, A. Lee, A. El Mansouri, A. Larbot, E. Prouzet, *Chem. Comm.*, 1999, 2047.

[24] P. J. Bruinsma, A. Y. Kim, J. Liu, S. Baskaran, *Chem. Mater.*, 1997, **9**, 2507.

[25] T. Martin, A. Galarneau, F. Di Renzo, D. Plee, *Angew. Chem.*, 2002, **114 (14)**, 2702.

[26] J. Sinkankas, *Mineralogy*, Van Nostrand Reinhold, New York, 1964, p.85.

[27] G.C. Garcia, *Bocamina*,1996, **2**, 38.

[28] F. Fajula, *Daton Trans.*, 2007, 291.

[29] A. Galarneau, F. Di Renzo, F. Fajula, L. Mollo, B. Fubini, M. F. Ottaviani, *J. Colloid Interface. Sci.*, 1998, **201**, 105.

[30] M. F. Ottaviani, A. Galarneau, D. Desplantier-Giscard, F. Di Renzo, F. Fajula, *Microporous and Mesoporous Mater.*, 2001, **1**, 44.

[31] M. F. Ottaviani, A. Moscatelli, D. Desplantier-Giscard, F. Di Renzo, P. J. Kooyman, B. Alonso, A. Galarneau, *J. Phys. Chem. B*, 2004, **108**, 12123.

[32] C. Thoelen, J. Paul, I. F. J. Vankenecom, P. A. Jabcobs, *Tetrahedron: Asymmetrym*, 2000, **11**, 4819.

[33] T. Martin, A. Galarneau, F. Di Renzo, D. Brunel, F. Fajula, S. Heinisch, G. Crètier, J.-L. Rocca, *Chem. Mater.*, 2004, **16 (9)**, 1725.

[34] T. Kimura, S. Saeki, Y. Sugahara , K. Kuroda, *Langmuir*, 1999, **15**, 2794.

[35] S. Itoa, H. Yamaguchia, Y. Kubotaa, M. Asam, *Tetrahedron Letters*, 2009, **50 (24)**, 2967.

[36] K.-T. Li, W.-T. Weng, *J. Taiwan Institute of Chem. Eng.*, 2009, **40**, 48.

[37] M. Karthik, L.-Y. Lin, H. Bai, *Microporous and Mesoporous Mater.*, 2009, **117**, 153.

[38] Á. Szegedi, Z. Kónya, D. Méhn, E. Solymár, G. Pál-Borbély, Z. E. Horváth, L. P. Biró, I. Kiricsi, *Appl. Cat. A: General*, 2004, **272**, 257.

[39] K. M. Parida, S. S. Dash, S. Singha, *Appl. Cat. A: General*, 2008, **351**, 59.

[40] C. Xie, F. Liu, S. Yu, F. Xie, L. Li, S. Zhang, J. Yang, *Cat. Comm.*, 2008, **10**, 79.

[41] A. Wroblewska, A. Fajdek, J. Wajzberg, E. Milchert, *J. Hazardous Mater.*, 2009, **170**, 405.

[42] L. Čapek, J. Adam, T. Grygar, R. Bulánek, L. Vradman, G. Košová-Kučerová, P. Čičmanec, P. Knotek, *Appl. Cat. A: General*, 2008, **342 (1-2)**, 99.

[43] H. Chen, W.-L. Dai, R. Gao, Y. Cao, H. Li, K. Fan, *Appl. Cat. A: General*, 2007, **328 (2)**, 226.

[44] S. Brunauer, P. H. Emmett, E. Teller, *J. Am. Chem. Soc.*, 1938, **60**, 309.

[45] E. P. Barrett, L. G. Joyner, P. P. Halenda, *J. Am. Chem. Soc.*, 1951, **73**, 373.

[46] P. L. Llewellyn, Y. Grillet, F. Schuth, H. Reichert, K. K. Unger, *Microporous Mater.*, 1994, **3**, 345.

[47] P. I. Ravikovitch, S. C. O. Domhnaill, A. V. Neimark, F. Schüth, K. K. Unger, *Langmuir*, 1995, **11**, 4765.

[48] H. L. Ritter, L. C. Drake, *Ind. Eng Chem. Analyt. Ed.*, 1945, **17**, 782.

[49] D. D. Laws, H.-M. L. Bitter. A. Jerschow, *Angew. Chem. Int. Ed.*, 2002, **41**, 3096.

[50] D. Müller, W. Gessner, H.-J. Behrens, G. Scheler, *Chem. Phys. Letters*, 1981, **79**, 59.

[51] M. J .B. Souza, A. S. Araujo, A. M. G. Pedrosa, B. A. Marinkovic, P. M. Jardim, E. Morgado Jr., *Mater. Letters*, 2006, **60**, 2682.

[52] R. Castaing, J. Deschamps, *J. Physique Radium*, 1955, **16**, 304.

[53] Y. Amenomiya R. J. Cvetanović, *J. Phys. Chem.*, 1963, **67**, 144.

[54] M. Selvaraj, P.K. Sinha, K. Lee, I. Ahn, A. Pandurangan, T.G. Lee, *Microporous Mesoporous Mater.*, 2005, **78**, 139.

[55] M. Goepel, *Masterarbeit „Synthese und Charakterisierung von mesoporösen Materialien des Typs [V,Mo]MCM-41"*, Universität Leipzig, 2008.

[56] M. Thommes, B. Smarsly, M. Groenewolt, P. I. Ravikovitch, A. V. Neimark, *Langmuir*, 2006, **22**, 756.

[57] Holleman-Wiberg, *Lehrbuch der anorganischen Chemie*, **91.-100. Auflage**, Walter de Gruyter, Berlin, New York, 1985, pp. 881-1112.

[58] P. C. Schulz, M. A. Morini, M. Palomeque, J. E. Puig, *Colloid Polm. Sci.*, 2002, **280**, 322.

[59] F. González, C. Pesquera, A. Perdigó n, C. Blanco, *Appl. Surface Sci.*, 2009, **255**, 7825.

[60] X. Chen, L. Huang, G. Ding, Q. Li, *Cat. Letters*, 1997, **44**, 123.

Die Autorin

Julia Patzsch, geboren 1986 in Leipzig, schloss bereits mit 17 Jahren ihre Schulausbildung mit dem Abitur ab. Im Anschluss begann sie mit dem Studium der Chemie, welches sie fünf Jahre später mit dem akademischen Grad des Master of Science beendete. Bereits während ihres Studiums wurde die technische Chemie ein Interessenschwerpunkt.
Das vorliegende Buch umfasst die Masterarbeit in diesem Bereich. Seit Anfang 2010 ist sie Mutter eines Kindes und plant nun ihre Karriere mit der Promotion fortzusetzen.